農と食と地域をデザインする

――旗を立てる生産者たちの声

長岡淳一
阿部　岳

新泉社

森農園(群馬県・倉渕町)

TEAET/和香園(鹿児島県・志布志市)

フルーツのいとう園。伊藤さん（右）、筆者・長岡（左）

尾藤農産のぶどう畑。尾藤さん（左）、筆者・阿部（右）

みやぎ農園
（沖縄県・南城市）
手づくりマヨネーズ

フルーツのいとう園
（福島県・福島市）
「国産大粒高級
枝付き干しぶどう」の
ギフトパッケージ

T's Table
（徳島県・鳴門市）
「徳島すだちビネグレット」などの
詰め合わせギフトセット

農と食と地域をデザインする

——旗を立てる生産者たちの声

Q. なぜ農業にデザインが必要なのか？

A. デザインには、
農家や生産者のモチベーションをあげ、
前向きな気持ちを呼び起こして
勇気を与える力があるから。

はじめに

山口宇部空港から車で約1時間半。ちょっとした峠を越えた先に、僕たちのお気に入りの農場があります。

そこでは酪農、畜産、そして稲作をおこなっています。搾りたての牛乳を自前の配送車で近隣地域に直接販売し、さらにヨーグルト、カマンベールチーズ、アイスクリームやソフトクリームを自社工場で生産しています。精肉の販売はもちろん、フランクフルトなどのソーセージ、手づくりロースハム、ベーコン、ハンバーグなどの加工もしています。敷地内にはファームレストランがあり、バーベキュー場も常設。牧草地が広がる美しい風景を眺めながら、農場で生産されるお肉やお米を使ったフルコースを堪能することができます。

ファームレストランで新鮮そのものの素材をいかした逸品を味わうひとときは、日常から解放され、身も心も癒される最高に贅沢な時間です。こうした魅力的な体験を提供してくれる農場は、じつは全国各地に存在します。

「豊かな自然に恵まれた地方には、本当においしいもの、すばらしい産品がある」。旅行や出張で地方を訪れたり、物産展やマルシェで買い物をしたりして、そのことを実感したという人は少なくないと思います。

ところが、日本の一次産業の現場はいま、深刻な問題に直面しています。デザインやブランディングの仕事のために全国の地方を訪れると、「農」や「食」に関わる生産者からの悲鳴にも似た声を耳にします。

「地域の高齢化が進み、後継者不足によって農業人口が激減している」

「商品の差別化がしづらく、価格競争に巻き込まれて疲弊している」

「海外から安価な作物が輸入され、どう対応すればよいのかわからない」

こうした声に多くふれると、この国の一次産業に未来はあるのか、と暗澹とした気持ちになります。地方の経済を支えるのは、本来は農業をはじめとする一次産業で、そこが疲弊すると地域社会の発展は難しい。何よりも人間の「いのち」に関わる農や食の仕事であり、それを守るために自分たちにできることは何だろうかと考え込んでしまいます。

僕たちファームステッドは、一次産業をデザインによって支援することを使命にかかげる、デザイン・ブランディングカンパニーです。「農業デザイン」「地域振興デザイン」「ブランディング」の3つを事業の柱として掲げ、これまで80か所の市町村で、140を超える生産者とともに、農産品などのブランド価値を高め、地方からの発信力を強化する取り組みをしてきました。また全国各地で講演会やデザイン相談会を開催しています。

「六次産業化を目指して加工品をつくりたいがパッケージデザインをどうしたらいいかわからない」

そんな悩みを抱える北海道から鹿児島、さらに台湾のみなさんと取り組んだ商品開発やブランディングの実例を紹介した著書『農業をデザインで変える』（瀬戸内人）を出版してから3年以上が経ちました。

前著において「なぜ農業にデザインが必要なのか」という問いに対して僕たちが出した答えは、「デザインには、農家や生産者のモチベーションをあげ、前向きな気持ちを呼び起こして勇気を与える力があるから」というものでした。「パッケージの変更で売上が伸びた」というような経済的指標（それも重要ですが）だけでは測れないデザインやブランディングの可能性を追求する中で、六次産業化に積極的に取り組む全国の生産者や事業者とのつながりが次から次に生まれ、ファームステッドの活動の幅も広がっています。

インターネットやSNSが急速に普及した現在、生産者と消費者の距離は、国境の壁すら越えてかつてないほど近くなっています。農業や一次産業に従事する方は、自分が生産したものを多くの人に食べてもらいたいと考えているはずです。にもかかわらず農と食と地域の独自性、そこに関わる人々の思いがきちんとアピールされず、都会の消費者に伝わっていないケースが多く見られます。

「豊かな自然に恵まれた地方には、本当においしいもの、すばらしい産品がある。しかし、その価値をうまく発信することができていない――」

こうした課題を解決するために、僕たちは日本各地の一次産業に携わる人々のもとを繰り返し訪問し、対話を重ねています。必ず現場を歩く。生産現場を自分の目で確かめ、生の声に耳を傾けて実情をヒアリングし、共感に基づいて信頼関係を築くことが、自分たちの仕事においてもっとも大切なポイントだと思っています。

今回の本では、そんな僕たちが聞き手となり、ファームステッドの活動を通じて出会った農家や畜産家、農産・水産加工の事業者、地域活性化の関係者など12名の方々へのインタビューをまとめました。

地方の生産者の目線や立場から「農業デザイン」「地域振興デザイン」に取り組んだ動機や経緯、それによって事業や心境にどのような変化が起こったかを語ってもらい、そして「現代日本の一次産業の課題とは何か」「なぜ農と食と地域にデザインやブランディングが必要なのか」というテーマをともに考える内容です。

読者のみなさんにまず知っていただきたいことは、農業をはじめとする一次産業の仕事、そして地域社会の担い手としての誇りを胸に、独創的なアイデアをもとに先進的な取り組みをおこなう生産者がここにいるという事実です。それぞれにこだわりのあるフィロソフィーや理念を持ち、開拓者である先人たちの知恵を受け継ぎつつ、いまここの環境を守り、時代の流れを読みながら新しい道を開拓し、事業を次世代につなごうと努力しています。

試行錯誤しながらも、デザインの力によって農と食と地域の抱える課題を解決しようとする12

名の生の声に加えて、本書には、世界的な建築家であり瀬戸内海の島で地域活性化のプロジェクトを進める伊東豊雄さん、埼玉県三芳町を拠点に廃棄物リサイクルやオーガニックファームの事業で注目を集める石坂産業の代表・石坂典子さんへのインタビューも収録しました。

農家などの生産者、地域社会が掲げるロゴマークは新しい時代の「家紋」ともいえます。本書では「ファーム・アイデンティティ」をデザインすることの意味と、その背後にあるブランド価値を創造し、高めるという考え方を、具体的な取り組みを紹介しながらわかりやすく説明します。

この本を通じて読者のみなさんが、日本の一次産業の未来に、希望の道を拓くヒントを読み取ってくだされぱうれしいです。

ファームステッド
長岡淳一
阿部　岳

農と食と地域をデザインする　目次

HOKKAIDO TOKACHI
Bito
LABORATORY
尾藤農産
北海道・芽室町
MARUMO
MOTOYAMA FARM
BIEI HOKKAIDO
本山農場
北海道・美瑛町
HAPPINESS DAIRY
嶋木牧場
SINCE 1970
ハッピネスデーリィ
嶋木牧場
北海道・池田町
HIGASHIHARA
東原ファーム
十勝ココナッツ牛
東原ファーム
北海道・芽室町
RevoFish
IKESHITA
池下産業
北海道・広尾町
FRUITS FARM
ITOH
フルーツのいとう園
福島県・福島市
MORI FARM
GUNMA KURABUCHI
森農園
群馬県・倉渕町
WAGO
和郷
千葉県・香取市
T's
table
T's table
徳島県・鳴門市
ISHIZAKA
ORGANIC
石坂オーガニックファーム
埼玉県・三芳町
AMA
GIFT
IZUSHI
伊豆市産業
振興協議会
静岡県・伊豆市
TEAET
和香園
鹿児島県・志布志市
MIYAGI FARM
OKINAWA
みやぎ農園
沖縄県・南城市

本書の内容は、株式会社ファームステッドの共同代表を務めるふたりの著者、クリエイティブディレクターの長岡淳一とアートディレクターの阿部岳が聞き手となっておこなったインタビュー取材をもとに構成しています。なお本文では、聞き手の名前を「ファームステッド」で統一しました。

1 尾藤光一

尾藤農産（北海道・芽室町）

生産者プロフィール

北海道をはじめとする雪国で受け継がれてきた農と食の知恵のひとつに「雪室」がある。降り積もった雪で大きな囲いをつくり、作物を貯蔵する天然冷蔵庫のことで、昔から生鮮食品の冷蔵保存などに利用されてきた。雪によって湿度と温度を一定に保ち、ゆっくりと熟成を進めることで、野菜がしっとりとした食感と深い甘みを獲得する。この雪室熟成による「越冬じゃがいも」で注目を集めるのが尾藤農産だ。

尾藤農産の創業は1969年。4代目である尾藤光一さんの父親と祖父によって北海道・十勝平野の西部、芽室町で興された会社で、開拓農家の歴史は百年前にまで遡るという。現在の耕作面積は約120ヘクタールにもおよび、十勝地方でも有数の大規模農家として知られている。男爵、メークイン、北あかり、北海こがね、マチルダといったジャガイモを雪室熟成とこだわりの「土づくり」によってブランド化。大都市圏の高級レストランやスーパーとの直接取引のほか、自社のオンラインショップによる全国販売にも力を入れている。商品としてはほかにカボチャやタマネギ、さらに小麦粉を用いたうどん・そば・冷麦などの乾麺、パンケーキといった加工品も手がけ、目を見張るほどの充実ぶりだ。

その商品ラインナップに新顔を加えようと、2019年には新会社「めむろワイナリー」を設立し、代表には光一さんが就任した。芽室町でのワイン生産を目標としたプロジェクトであり、4年前から醸造用ブドウの栽培が尾藤農産ではじまった。すでにブドウが収穫できるようになり、

２０２０年春には町有地にてワイナリー施設が着工予定。完成後、ワイン醸造、販売を順次開始するという青写真を描いている。

株式会社尾藤農産
〒082-0009 北海道河西郡芽室町祥栄西 18 線 15 番地
TEL：0155-62-8340　FAX：0155-62-8340
https://www.bitou.asia/

次の世代のために農家の所得を上げたい、労働環境を改善したい

ファームステッド　尾藤さんのつくるジャガイモは本当に絶品級のおいしさで、「理想のジャガイモを追い求める」姿勢からミスター・ポテトという異名で呼ばれることもあります。また新聞に連載を持つなど農業の現場からの声を盛んに発信されて、北海道・十勝の生産者や経済界のオピニオンリーダー的な存在です。そんな尾藤さんがお父様から尾藤農産という会社を受け継いだのはいつのことですか？

尾藤光一　代表になったのは14年前の2005年。私は42歳になっていました。でも、親父から渡された決算書を見たとき、正直、貧乏だなと思ったんですよ。これではダメな農家、「駄農」だなと。朝5時半から夜11、12時まで当たり前のように働いても、手元に残るお金はほんの少しだけ。夜勤手当も微々たるもの。30歳をすぎた頃から、どうすれば農家にお金が回ってきて、生活環境や労働環境が改善されるのかということをずっと考えてきました。

ファームステッド　20年も前から農家の所得だけでなく、労働環境や働き方の問題まで見通していたなんてすごいですね。

尾藤　普通のサラリーマン並みに働いて、普通のサラリーマン並みに所得を得る。農家も絶対にそうならなければいけないと、昔から強く思っていました。例えば、十勝の農家って、1戸当たりの耕地面積が40ヘクタールを超えているんですよ。東京ドームで8・5個分。でも、1ヘクタール当たりの年間売上を100万円とすると、40ヘクタールなら4000万円。粗利益がそのうち

の30パーセントとしたら1200万円にしかならない。これを何人で分けるかのか、という話なんですよ。家族4人で働いているならひとり当たり300万円。サラリーマンの年収と比べたら、社会的には低い金額だといえます。2倍近く働いていているわけですから。こうした状況を改善しなければいけないと思って、農作業の効率化のためにコンバインという大型農業機械を20年前にドイツから導入しました。近隣地域では取り入れている農家が全然いなかったし、かなり高額の買い物なので、親父からは断固反対されたのですけどね。

ファームステッド　尾藤さんはアイデアマンですから、業界の潮目をいち早く見抜いて、考えるよりも先に動いてみたというわけですね。

尾藤　僕は基本的に好奇心で生きていますから。好奇心がなくなったら死ぬんだろうなと思っているくらい。だから、ファームステッドのおふたりとも組むことができたんですよ（笑）。

ファームステッド　僕らと尾藤さんの出会いが2011年で、数か月後の翌年には尾藤農産の加工場のためのデザインがはじまりました。ファームステッドの会社設立が2013年ですから、僕らとしてもまだ手探りの状態でスタートした仕事でした。

尾藤　じつは近所の農家仲間が25年前に、直売をやろうとしてファームサインをつくっていたんです。でも、正直なところそこにお金を使う必要性を感じられないというのがまわりの一般的な意識で。自分たちはただ作物を生産していればよいのだから、なぜそんなことをする必要があるの、と。それにファームステッドのおふたりにデザインを頼むと高額になるという噂も聞いていたんです。ロゴマークをつくるのにいくらかかるのだろうか、下手に契約してしまったらどうなるのだろうと、心配した覚えはあります。

ファームステッド　農家がそれぞれに「旗印」、ロゴマークを持って、ブランディングをするという考えはまだ珍しかったと思います。僕らはこれからの日本の一次産業のために、絶対にそういうものが必要だと確信していましたが……。実績がないにもかかわらず、尾藤さんに活動の場を与えてもらったという感じでしたね。何がデザインに取り組む決め手になったのでしょうか？

尾藤　やっぱり、生来の好奇心ですかね。変わり種のパートナーに仕事を依頼すると、私たちの想像域を超えた結果に結びつくかもしれないと直感したんです。私には農場手づくりの野菜ピクルスを販売したいというアイデアがあって。うちの母親がつくっていたジャガイモやアスパラの漬け物をカミさんが受け継いで、それがピクルスになっていたんです。そうした加工品をつくるために農場の一角に工場を新設し、将来的に商品として販売したいという考えがあったので、ロゴやシンボルマークはあったほうがよいだろうと。まだちゃんとした商品開発をしていたわけではありませんが、事業計画やお金がどうのこうのよりも、ひとまずやってみようということで進めたと思います。

ファームステッド　僕らとしてもありがたいオファーでした。

尾藤　それに先ほども言ったように農家の所得を上げたい、労働環境を改善したいということはずっと考えていて、１００年以上続いている農家として、次の世代のために自分たちの仕事を楽しく、誇りあるものにしてあげたい。自分たちの生産したものを食べた人から、それが「おいしかった」と言われるような環境づくりをしてあげたいと思ったのです。そのためには加工によって高付加価値の商品をつくらなければなりません。自分たちがつくった野菜を個人のお客さんに直接販売したり、レストランやスーパーに直接卸したりする必要があるということで、農家同士でグループを組織してみたものの上手くいきませんでした。ちょうどその取り組みをやめたタイミングで、ファームステッドのおふたりからデザイン・ブランディングの提案を受けて、時期的にもよかったんです。

お客さんがどのような目で商品を見ているのかを学ぶ

ファームステッド　そうして完成したロゴマークは、黄緑色の背景に黒色で「Bito LABORATORY」という文字と風景の絵を入れたものになりました。

尾藤　「ラボラトリー（研究所）」というイメージがまず自分の中にあって、それをおふたりに伝えたんです。加工施設を建てるにあたって、そこでいろいろな「実験」ができる研究所のよう

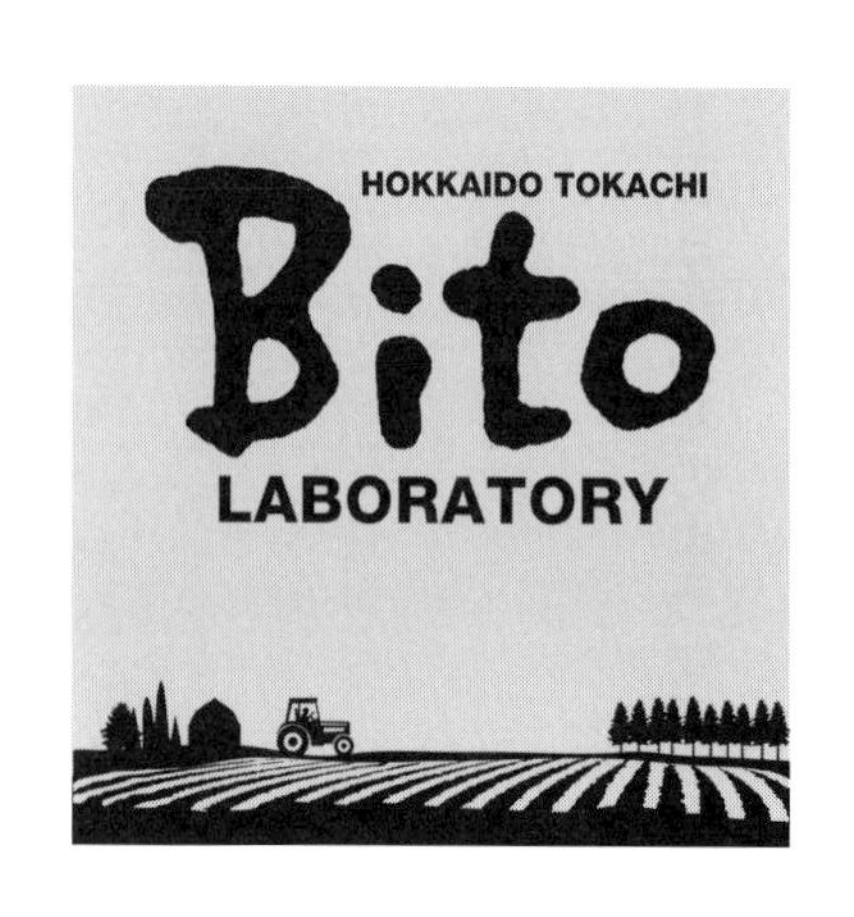

にしたいと。でも、ロゴマークをつくっても、それをどう展開するかという構想は正直ありませんでした。

ファームステッド　まさに北海道・十勝の風土を表現したロゴマークになったと思っています。広大な畑の風景が入ることで、尾藤農産が大規模農家であることをストレートに伝えたいと。僕らも幼い頃から見ている風景なので想像しやすかったんです。そこにラボラトリーの小屋の絵も加えることで、単なる昔ながらの農場ではなく、そこから一歩進んだ未来的な何かをつくり出す場所というイメージが生まれました。

尾藤　「Bito」というロゴが筆文字風であるのも気に入りましたし、背景の緑も映えます。ちょうど、ファッション業界などでグリーンが流行っていた頃でしたよね。家族に見せると、反応がすごくよかったんです。

ファームステッド　尾藤さんのエネルギッシュな人

尾藤農園の農場手づくりピクルスのギフトセット

柄を表現できるものにしたいと考えました。プレゼンをした複数の案にはもう少しおしゃれな案もあったのですけど、土っぽさが欠けて農場らしくないものでしたね。何度も農場に通って、お話をうかがって、生産者の考えや農業そのものを理解する。尾藤さんと対話する時間をなるべく多く持つことを、当時は机の上でデザイン案を練ることよりも強く意識していたかもしれません。

ところでロゴマークをつくった後の展開についてはあまり考えていなかったというのもずいぶん思い切った決断だと思うのですが……。

尾藤　農場手づくりの野菜ピクルスが商品として完成するよりも先に、パッケージの発注をしていましたからね。ロゴマーク入りの瓶、ギフトボックス、紙袋、ラベルなど。こういうことは勢いで進めないと止まってしまいますから。どのくらいの生産・出荷数だといくらくらいの単価になる、というのはあまり考えていませんでした。

1　尾藤光一　尾藤農産（北海道・芽室町）

ファームステッド　実際にピクルスを商品化・デザイン化してみて、いかがでしたか？

尾藤　お客さんがどのような目で商品を見ているのか、よく理解できるようになりました。芽室町にある産直市場「愛菜屋」の店頭に商品を並べると、観光客がお土産用に手に取ってくれるんです。わざわざ遠くからバスに乗って来るわけですから、見た目のよいデザインのセンスのある商品のほうがいいですよね。ツアー会社のガイドさんも売り場をよく見ているので、2回目からはお客さんにおすすめのお土産物として紹介してくれるようになりました。

ファームステッド　それまでは尾藤さんも、農場の作物をお土産用の商品にすることはあまり意識していなかったのでしょうか？

尾藤　田舎にいると、パッケージをいくらかっこよくしても売れないという現実は確かにあるんです。それで、売れないんだったらやめようという判断になるじゃないですか。でも、実際はお客さんの層によって考え方が全然違うことを理解する必要があります。自分で食べるためなのか、それともお土産用なのか。地域の家庭で消費するぶんだけなら、小洒落た包装は必要ない。でも、お土産物用であれば、パッケージデザインのかっこよさも求められる。そういうお客さんの心理を、産直市場で学ぶことができました。価格に関しても、自分用としては高くても、お土産用なら2倍の値段でも払うかもしれない。

都会の洋服や雑貨のセレクトショップに商品が並ぶとなったら、こういうデザインのほうが産直市場以上に喜ばれると思います。だからデザインや価格は、売る場所によって変えられるものなら変えたほうがよいと私は思っています。

ファームステッド　尾藤農産の商品は当初より増えていますよね。

尾藤　ラボラトリーでつくっている加工品は、現在ピクルスだけでも7、8種類にのぼります。それから十勝産の風味豊かな小麦「きたほなみ」を使ったパンケーキ、うどんやそばの乾麺。あとはサイダーとトウモロコシの異色のコラボ商品「芽室コーンサイダー」というドリンクまであります。

ファームステッド　売れ行きはいかがですか？

尾藤　ロゴマークのおかげもあり、どれも好調ですよ。とくに「越冬じゃがいも」といううちのブランド作物の販売によって所得増につながっています。ほかには農場の団結のしるしとしてアパレル商品もつくりました。農作業用のつなぎ、ポロシャツ、パーカー。家族やスタッフで揃いの作業着で仕事をするというのは気分がよいものですが、意外なことに農場を訪れるお客さんの中にそれをほしがる方がけっこういるんです。私たちとしたら、農家のつなぎなんて着ていったいどうするんだろうと思うのですけど（笑）。でも、せっかくお客さんがそういう気持ちを持ってくださったのなら、応えたいじゃないですか。

生産者が好奇心を持って農業を研究し続けること

ファームステッド　最近、ロゴマーク入りのワッペンまでつくられていますが、尾藤農産のファンを増やしたいということですか？

尾藤　そこが最終目的なんです。農家の所得を上げたい、労働環境を改善したいとなったら、固定のファンを増やすのが一番ですよ。だって、大規模農家とはいえ生産量が全国の1パーセントにも満たないうちのジャガイモを全国の人に食べてもらおうとどんどん販路を拡大していったら、最終的には価格競争に巻き込まれてしまいます。そんなことはやらないほうがよいに決まっている。「尾藤農産だからこそ」という価値を認めて信じてくれる固定のファンを少しずつ増やしていって、将来的には会員制の販売にしたい。そうすると、プレミアム感も上がるじゃないですか。

やっぱり好奇心なんです。お客さんが何を喜んでくれるのか、どこに興味を持って商品を選んで買ってくれるのか。それを考えることが僕にとってても楽しいんです。

ファームステッド　ほかの農家に先駆けての大型コンバインの導入もそうですし、尾藤さんの好奇心の強さは際立っていますよね。ワイン醸造のためのブドウ栽培もその最たるものです。

尾藤　ワインこそ、これから北海道・十勝の農家発のブランディングを進めるための大きな取り組みになります。北海道では育たないと考えられているヨーロッパ品種のブドウ、白ワイン用品種ならシャルドネ、赤ワイン用品種ならピノ・ノワール。これらの栽培は無理だと言われていたのですが、その土地や気候に合った育て方をして、北海道で最初のワイナリーを実現したのが、同じ十勝地方の池田町なんです。だから、いくら専門家に無謀だと言われようが、私たちもやり抜こうとしているところです。不可能とされているところには、ビジネスチャンスがあるわけじゃないですか。誰もやっていないことにチャレンジするほうが、自分としてもワクワクします。1

尾藤さんが代表を務めるめむろワイナリーのワイン「INIZIO　はじまり」

年でダメになると思われていましたが、今年２０１９年でもう4年目。いよいよ醸造もスタートしました。

ファームステッド　ブドウの実がなる時期はいつですか？

尾藤　7月から9月にかけて実がなって、10月にできあがります。ファンの関心をつなぎとめるには、私たち生産者がつねに好奇心を持って農業を研究し続けることが絶対条件だと思います。自分がやっているのは研究に研究を重ねたこだわりの土づくりと、そこで育てた農産物を世界の人に喜んで食べてもらえるおいしい味にするための努力。ブドウ栽培やワイン醸造もその取り組みのひとつなんです。

ファームステッド　尾藤さんのように意欲的な生産者の存在を、僕らもデザインやブランディングの力を通じてもっと広く世の中に伝えていって、消費者との距離を縮めるきっかけを生みだすような仕事をしていきたいと思います。

ファームステッド流
デザイン&ブランディング
ポイント

人柄、風景、風土をひと目で認識できるシンボルマークをつくることで、看板、ラベル、作業着、ウェブサイト、多様な用途においても統一感あるイメージを演出した。

HOKKAIDO TOKACHI
Bito
LABORATORY

2　本山忠寛

本山農場（北海道・美瑛町）

生産者プロフィール

北海道のちょうど真ん中、観光地として有名な富良野の北にある美瑛町。幹線道路から畑の道に入り、本山農場の入り口にさしかかると、白と黒のツートンカラーのモダンなデザインの看板が見えてくる。ロゴマークの部分は立体になっていて、夜はＬＥＤライトで光る仕様になっている。

本山農場は、大雪山十勝岳連峰の裾野からなだらかに広がる丘陵地帯の一角で、原生林を切り拓いた初代の開拓民から4代続く畑作農家。ニンニク、タマネギ、ジャガイモ、アスパラガス、トマトなどを中心に栽培し、減化学肥料、減農薬にも取り組んでいる。現在は、4代目農場主の本山忠寛さん、父親で3代目の本山久和さん、弟の本山賢憲さんの3人で力を合わせ、美瑛町で有数の大規模経営の農業をおこなっている。本山さんのご自宅から見渡す限り広がる経営面積約130ヘクタールの畑で小麦やビート、タマネギやジャガイモやアスパラガスを、また約60棟のビニールハウスでトマトを栽培。通年雇用、季節雇用、海外実習生を含めて約25名の従業員を雇用している。

先人たちから受け継いだ大地を守るために、堆肥や緑肥などの有機物を施した土づくりを何よりも大切にし、最新の農業機械や技術の導入にも積極的に取り組んでいる。地域振興への思いも込めて、2014年に農場のオリジナルブランドとして「ＭＡＲＵＭＯブランド」を立ち上げた。

本山農場
〒071-0236 北海道上川郡美瑛町美沢早崎
TEL：0166-92-2443
http://motoyamafarm.com/

「おじいさんの形見の金槌」からはじまったブランディング

本山忠寛　本山農場ではニンニクをつくっているのですが、以前は何も考えずにつくればつくるだけ売れるだろうという感覚でいました。けれども、実際には農協に出荷しても全然、よい値段がつかなくて、1キロ2〜300円にしかならない。市場には中国からの輸入品が多く出回っていて、国内産と海外産では5倍ほどの価格差があるんです。

ニンニクづくりはもうやめようかと思ったのですけど、売らないことにはしょうがないので可能性を探っていました。経営がうまくいかない現状をフェイスブックに書き込んだら、うちのカミさんの知り合いだった長岡さんが「ブランディングという方法もありますよ」とコメントを投稿してくれて。

ファームステッド　そうでしたね。

本山　いつか本山農場やうちの農産物をブランド化したいという考えは頭の中にあったので、きっとこのタイミングで取り組まなければずっとやらないままだろう、と。父親からも「がんばってみろ」と励まされて、これはもうブランディングしか道はない、と思ってファームステッドの長岡さん、阿部さんに相談することになりました。

ファームステッド　最初に相談を受けたときに、本山さんから「寡黙な働き者だったおじいさん（2代目農場主・本山正一氏）の形見の金槌の柄に『丸にモ』という刻印があって、これをベースにして本山農場のロゴマークをつくりたい」というお話を聞きました。何をモチーフにすべきかということがすぐに決まったので、デザインの制作という意味ではスムースに進行しました。できあがった「MARUMOブランド」のロゴマークをみて、どう思いましたか？

本山　インパクトがすごかったです。色はシンプルに白地に黒、でも記憶にしっかり残る力強いデザイン。もうこれしかない、と。他人から何かを提案されてあそこまで納得させられたのは後にも先にもこのMARUMO印しかない。両親やカミさんや弟からもまったく反対意見はなかったです。もうなんの迷いもなく、「これでホームページもダンボールもデザインしてください」と頼みました。最近、ロゴマークを入れたTシャツを僕ら家族が毎日着ているのを見て、従業員から自分もほしいと言われるようになり、これはうれしかったですね。

MARUMO
MOTOYAMA FARM
BIEI HOKKAIDO

柄の下部に「モ」の刻印がある本山さんの祖父の金槌

このＭＡＲＵＭＯのロゴマークを見ていて、気づいたことがあります。僕は、北海道美瑛町に入植した開拓農民だった曾祖父、祖父、そして父親の代から本山農場の理念を受け継ぐために、自分を奮い立たせる「旗印」がほしかったんだ、ということです。これは、新しい時代の農場の「家紋」のようなものだと思います。

ファームステッド　本山さんからの相談は、ニンニクをただ単純に商品化して売るということではなくて、いま家紋とおっしゃっていただきましたけれども、はじめからどうすれば自分たちのブランドをつくることができるのか、ということだったんです。お話をうかがっていると、苦労して農産物をつくって売っても、正当な評価が得られないことへの悩みのほうが強いように感じました。だからみなさんがつくった農産物に対して正当な評価が得られて、その特徴とよさがきちんと伝わることをゴールに設定してブランディングしていきましょうと提案しました。その手段として、まずは本山農場の「顔」を表現するＣＩ（コーポレート・アイデンティティ）、僕らの用語で言えばＦＩ（ファーム・アイデンティティ）としてのロゴマークをつくったわけです。もちろん、次の段階としてニンニクを現実的にどうやって売っていくかという戦略を考えながら。

消費者から評価されることで農産物が輝いて見えるように

ファームステッド　本山さんはブランディングに取り組んだことで、実際にどのような効果や変化があったとお考えですか？

本山　そうですね、ニンニクをきっかけにブランディングに取り組んで、まずインターネットの通販をはじめました。ホームページ上でニンニク以外にも、タマネギ、ジャガイモ、アスパラガス、トマトなどの商品情報を掲載してみると、特にアスパラは反響が大きかったです。

アスパラは農協に出荷しても1キロ5～600円ほどの値段です。これがネットで直接販売をしたら、1キロ千円以上でも「安い」と言ってお客さんが買ってくれる。しかも「無選別」でも問題ない、見栄えの良し悪しを気にしないというのがいいんです。アスパラは鮮度がすぐに落ちてしまうので在庫も抱えられないし、農家にとって難しい作物なんです。収穫の時期になると、朝昼夜と従業員総出で大変な思いをして採るのですけど、採ったそばから伸びてきて、遅れると穂先が開いて市場では商品価値を失ってしまう。

本山農場でつくっているのはラスノーブルという品種、やわらかくておいしいんです。でも穂先が開きやすくて風が吹いても折れ曲がってしまうから、ほかの産地では栽培をやめたところが多いのですけど、美瑛町では味にこだわってつくり続けました。これをブランド化して直販することで、「穂先が開いて見栄えが悪いかもしれませんが、もともとそういう品種なんです。でもおいしいんです」と説明すれば、消費者のみなさんには納得してもらえます。

それから本山農場では桃太郎トマトの収穫体験をやっていて、そういう機会にもうちの農産物の特徴やよさを説明することができるんです。すると東京などから親子連れでやってきたお客さんが、帰ってからも「北海道でしか味わえない本山農場のトマトをまた食べたい」と言ってネット通販で継続的に購入してくれるようになりました。それで自分たちの技術と思いを込めて栽培した農産物をオリジナルの段ボールで届けたいという考えから、MARUMO印の段ボール（次ページ写真）をつくりました。

これまで農場で栽培して収穫して出荷するだけで終わっていた野菜が、消費者からしっかり評価されるようになって、ものすごく輝いて見えるようになりましたね。

ファームステッド　なるほど、ブランディングによって直接販売をはじめることで、消費者であるお客さんに直接、説明できる機会を持つことができた、というポジティブな効果があったと。

本山　そうなんです。従来の農協を通じた市場への出荷では、説明すらさせてもらえずに野菜の見栄えだけで弾かれて売上の結果を出せないことが多かった。そういう状況がブランディング

に取り組むことで、大きく変わりました。これは個人の消費者向けの販売だけではなく、業者との取引についても同じことが言えます。

本山農場でつくっているジャガイモは「さやか」という、一般的にはマッシュポテトなどに使う加工用の品種です。加工用だからまずいということではなくて、皮がむきやすい、目が浅い、芋臭さがなく味に癖がない、煮くずれしにくいので口の中でとろける食感がある、と加工に適しているんです。ただ、なかなか一般市場に出回らない。馬鈴薯の男爵とかメークイン、北あかりのようなネームバリューがないので、すごくおいしくてよい芋なのに日の光を浴びてこなかった。かわいそうだなと思って。

ファームステッド　本山さん、我が子のことを語るような表情をされていますね（笑）。

本山　いや、本当に自分の愛娘のように栽培してきたので（笑）。昔から僕が大好きだった「さやか」をＭＡＲＵＭＯブランドとしていろいろな人に食べてもらうと、「こんな芋ははじめて食べた、おいしい！」と喜んでもらえて、心の底からよかったと思いました。これまでは、加工用として出荷したら1キロ30数円がよいところ。けれどもブランド化して芋の特徴やよさをきちんと伝えれば、１キロ１００円でも業者の方に喜んで使ってもらえるんです。

ＭＡＲＵＭＯブランドを立ち上げてみると、たとえばスーパーなどから農産物の直接取引の話が来るようになって、それが確実に売上と利益の向上につながりますし、従業員へ還元することもできます。従業員のモチベーションが上がると、農業そのもののレベルが上がるという実感もあります。

ブランド化に取り組むことで、広く浅く市場に出荷していくよりも、狭く深くお客さんとの直接的なつながりを大事にした販売のほうがよいのかなと考えが変わりました。つまり、消費者に農業のことをもっと身近に感じてもらうことです。国際化の波が押し寄せて来て、遅かれ早かれ農業市場がさらに海外に開放されると思います。ＭＡＲＵＭＯブランドのファンのみなさんとていねいにコミュニケーションしていけば、うちの野菜じゃなくても「多少高くても国産のもの、ローカルのものを買おう」という意識を持ってもらえるのではないか。農業デザインには、そういう可能性もあると思います。

「産地直送」による販売の難しさと可能性

ファームステッド　ＭＡＲＵＭＯブランドを立ち上げてみて、難しさはなかったですか？

本山　直接販売というのがはじめてのことだったので、注文が多く入ってくると慣れない対応に追われるというプレッシャーがあります。それに、春の野菜が秋になっても売れ残って在庫を処分するということもありました。いまはあまり欲張らず、期間限定や数量限定の販売にしようと考えています。

当初は「あれも食べたい、これも食べたい」というお客さんの要望に応えようとして、多品目でやろうとか定期便をやろうとかいろいろ試みたのですが、当然そうするとさまざまな農産物をつくらなければならないですし、ロスも出るので大変なんです。そこで農場の皆で考えた結果、やはりメインの作物で直販の商品をつくろうということになり、これだと普段、市場に出荷しているものから少しよけて販売すればよいのでロスを出さずに仕事の負担も少なくて済みます。試行錯誤しながら、だんだんやりやすい仕組みに落ち着いてきました。

ファームステッド　同時にお聞きしたいのですけど、直接販売には今後どのような可能性がありそうですか？

本山　ギフト用の農産物商品がまだまだ広がっていきそうですね。「産地直送」という価値を求めている業者はけっこういます。これは、僕らから見れば理にかなっている売り手市場のビジネスで、まず早い段階で注文をいただけるのがありがたいんです。こちらから何ケースしか出荷できません、とあらかじめ伝えておけばそれで注文をストップさせて、受注した量だけを生産すればいいのでロスがまったく出ない。農産物の内容も決められたものしかつくらないから、かなりやりやすい。しかもなかなかよい値段で買っていただけるんです。

市場出荷では農産物の値段は向こうが決めますけど、直接販売だとこちらで値段をつけることができて、しかも消費者であるお客さんに受け入れられる。工業製品はメーカーが希望小売価格を決めるじゃないですか。だから自分がつくったものに自分で値段をつけられないのは農業だけだと、ずっと文句を言ってきたのですけど、ブランディングによってこうした状況が変わりつつあることは、僕ら本山農場にとって大きな一歩だと思います。

海外産の輸入物との競争もありますし、日本の農産物って全体的に価格が下がってきているんです。だから規模を大きくしてやらなければならない時代になっているのですが、それだけ投資も必要になってくるわけで限界がある。そうするとやっぱり、農産物に付加価値をつけて販売することがこれからの農場経営にとって重要になってきます。

ファームステッド　試行錯誤をしながらいまもブランディングに取り組んでいる最中だと思いますが、同じような課題を抱えている地方の生産者やそれをサポートする立場にある人たちに本山さんが伝えられるアドバイスはありますか?

本山　とにかくはじめてみる、そこに尽きるんですよ。「蒔かぬ種は生えぬ」という言葉がありますね。僕ら農家は種を蒔いてなんぼの仕事ですけど、農産物をつくる種は蒔けても、経営的な一歩を踏み出す種をなかなか蒔けない。どうしてもハードルが高いように感じてしまう。農業は昔ながらの仕事のように見えますが、でも機械化であるとか知らず知らずのうちに時代に合わせ進化してきていて、ブランド化も同じように農家がもっと自然に受け入れることができればよいと思います。はじめてMARUMOブランドを立ち上げるときには、うちの本山農場の経営スタイルもがらっと変わって新しいものに改革しなければならないのかな、と内心不安だったのですけど、そこは意外と大きく変化せずに、ちょっとした余力でできるというのがポイントです。

ロゴマークをつくるだけで、意識が変わる。そこから直接販売に少しずつ取り組み、ホームページをつくる、ダンボールをつくる、看板をつくると段階を踏んでいけばよいと思いますよ。ブランドのマークは、一度見てもらえば頭の中に記憶として残り続けるので、「本山さんのところのトマトやアスパラはそろそろかな」とお客さんに思い出してもらえるんです。そういうリピーターになってくれるお客さんの要望には、僕たちも誠意を持って応えていかなければならないと考えています。

農家の女性たちが生き生きと仕事をするために

ファームステッド　本山農場では奥様の関わりも大切ですよね。

本山　そうなんです。MARUMOブランドに関しては、うちのカミさんが女性の観点からよいアドバイスをしてくれて。

農家の奥さんって昔から暑い日にも畑で草取りとか決まりきった仕事ばかりさせられて、農家と結婚したために自分の人生を棒にふるというか、こんなはずじゃないという思いを抱えている人が多い。実際にだだっ広い畑で家族だけで草取りしていても、途方にくれるだけなんですよ。僕らは従業員を雇いながら役割分担もしながら、農家の奥さんのあるべき姿を変えていきたいなと思っています。

うちのカミさんも「農家と結婚するために生まれたわけじゃない！」とよく愚痴をこぼしますけど、直接販売でお客さんの声を直接聞いて細かな対応や気配りをすることがやりがいになって、農業という仕事へのモチベーションになっているようなんです。

ブランディングによる直接販売がある程度軌道にのったら、そちらの管理をカミさんにまかせたいと思っているんですね。自分は生産の仕事に専念して。農家の奥さん、女性たちが生き生きと仕事をすることができるような流れができるとよいなと考えています。

ファームステッド　ここで奥様の華英さんにもお話をうかがいましょう。いまご主人にブランディングは日本の農村の女性を救うというふうに力強く語っていただいたのですが（笑）、実際にどうでしょうか。

本山華英　さきほどの話は夫が頭の中で思い描いていることであって、現実にはまだそこまでは進んでいないというか（笑）。やっぱり私たちも基本的には農作業を手伝わなければならなくて、そこを抜きにすると農場が成り立たなくなってしまいますから。

本山農場のロゴマークをつくることは私も賛成で、せっかくよい作物をつくっているのだからいろいろな人に知ってほしいですし。ＭＡＲＵＭＯブランドができたあとにはワクワク感があっ

左から筆者・阿部、長岡、本山さん夫妻

て、夫とああいうことやこういうことをやりたいと夜中まで話し合ったことを覚えています。インターネットの通販だけだと、お客さんの顔が見えないから、もっとマルシェなどに出店して対面販売をしたいのですが、まだそこまではできていません。

以前、旭川のデパートに野菜を卸したことがあって、チラシにMARUMOのマークを掲載してもらいました。そうしたら、友だちがわざわざそのチラシを持ってきてくれて、「これあなたの農場でしょう。おしゃれだね」と言ってもらえたときには、誇らしいというか、うれしい気持ちになりましたね。

ファームステッド　本山さんは、当然ながら、毎日奥様と一緒に生活も仕事もしているわけですよね。一番近くにいる人と価値観を共有できるかどうかってすごく重要なことだと思います。

本山　はい、農家の場合トラクターを買ったり土地を買ったりするとき、だいたい奥さんから反対されるんです（笑）。借金が増えて生活が大変になるので。けれどもブランディングに関しては、夫婦で同じ価値観を共有できる取り組みなのかなと思います。それにデザインなどを考えるときには、やはり女性的な感性が役に立つことがあるんです。

ファームステッド流
デザイン＆ブランディング
ポイント

事業継承のためのモチベーションを上げるブランディングを主眼に置き、シンボルマークに込める想いを強めるために、徹底的な聞き取りを実施した。

3 嶋木正一

ハッピネスデーリィ／嶋木牧場

（北海道・池田町）

生産者プロフィール

北海道の十勝平野といえば、道内随一の農業地帯。酪農が盛んな土地で、元気よく育てられた牛から搾られる生乳は新鮮そのもの。アイスクリームやチーズなど、十勝の恵みを活かした乳製品は高い品質で知られている。

ハッピネスデーリィが牧場と工房兼店舗を構えるのは、そんな十勝平野の東に位置する池田町。町営でブドウ栽培やワイン醸造をおこなっていることから「ワインの町」として知られるが、そこで約120年の歴史を持つ嶋木牧場を営んでいるのが嶋木正一さんだ(現在は長男に経営移譲している)。

生ソフトクリーム、イタリアンジェラート、プレミアムアイスクリーム、ナチュラルチーズ、生乳プリン……。嶋木牧場で搾られた生乳を、搾乳から時間を置かず鮮度を保って商品に加工し、実店舗やオンラインショップを中心に販売している。店舗横の敷地には国内に2台しかないという、4つの滑り台がセットになった遊具「ヴィレッジ」も設置。週末になれば家族連れを中心に観光客が列をなして、こだわりのアイスやチーズに舌鼓を打つ光景が見られる。

ハッピネスデーリィというブランドを立ち上げた嶋木正一さんは、3代目の牧場主。8名の従業員を雇用するほか、飼育するホルスタイン牛は200頭にものぼる。アメリカの牧場でのファームステイ研修を原点に、30年前から自家生乳の加工・販売に踏み切った。当時としては異例の取り組みだったが、生乳の旨味が凝縮されたジェラートやアイスクリームは全国から評判を集め、農家によるブランディングや六次産業化のモデルケースとされるようになった。

有限会社ハッピネスデーリィ／嶋木牧場
〒083-0002 北海道池田町清見 103-2
TEL：015-572-2001 FAX：015-572-2012
http://happiness-dairy.com/

先進的な酪農ブランディングの原風景はアメリカの牧場

ファームステッド　ハッピネスデーリィには、私たちファームステッドと出会う前からシンボルマークがありましたよね。日本の酪農家としては先進的な印象があるのですが、あれは嶋木さんのアイデアだったのでしょうか?

嶋木正一　そうです。1982年、35歳のときにアメリカ・ワシントン州のレプレカン牧場でファームステイ研修を受けたのですが、そこの地域ではどの牧場にも「ファームサイン」と呼ばれるシンボルマークやロゴがありました。ファミリーネームを採用するのが一般的です。そういうものを現地で見ていたので、私が大好きなバラの「ハッピネス」のイメージから、「ハッピネスデーリィ」(デーリィ dairy = 酪農)を自分の牧場のブランド名にしてサインをつくりました。

ファームステッド　自家製アイスクリームやジェラートなどをつくるアイデアも、アメリカでの体験から生まれたのですか?

嶋木　はい。その2年後にもう一度渡米したのですが、そのとき訪ねたエダリン牧場がアイスクリームで成功していたんです。規模でいえば乳牛が2000頭。牧場といっしょに工場や売店もあって、よそからお客さんがやってきてすごい賑わい。そこも十勝同様に田舎だったので、「こんな場所で商売になるのなら、北海道の地元でも実現できるかもしれない」と思ったのです。

ファームステッド　80年代前半というと、酪農家が生乳を加工してアイスをつくるなんて、日本では誰も考えていなかったような時代ですよね。一次産業と食品加工や流通販売を掛け合わせ

る、六次産業化という言葉が生まれたのもつい最近の話ですし。

嶋木　でも、当初はロゴマークやパッケージのデザインを、3人の異なるデザイナーに依頼していたので、色も柄もバラバラだったんですよ。商品がたくさんありすぎたことも要因でしたが、ハッピネスデーリィのブランドイメージが統一されていないというのはやっぱりよくない。つくり変えないといけないな、と私はかねて思っていたんです。

ファームステッド　僕たちファームステッドと嶋木さんの出会いは2012年。ちょうど新商品開発のタイミングであらためてデザイン・ブランディングに取り組み、発信をしていこうという依頼を受けました。

嶋木　新商品開発に対しては、社内でも「やめたほうがよい」「無理に決まってる」と反対されていた矢先のことでした。おかげさまで、その後「牧場の生ソフトクリーム」はふるさと納税の返礼品で売上額5億円を突破するまでの大ヒットになったのですが、単なるパッケージデザインの変更であれば、ファームステッドのおふたりとの関係はそこで終わっていたかもしれません。それが、最初の打ち合わせの後に阿部さんから送られてきたデザイン案を見て、この人と組んでハッピネスデーリィ全体の統一的なブランディングにも取り組みたいと勝手に決めてしまったんです。そこで、従来の商品群のデザイン、シンボルマークやロゴ、パッケージなどは廃止して、思い切って全部をつくり直すことにしました。

ファームステッド　スタッフから反対はされなかったのですか？

嶋木　それはもう大反対でしたよ（笑）。パッケージの在庫を廃棄することになりますから、なにもそこまでしなくてもよいんじゃないかという声がほとんどでした。まずはいまあるパッケージを使い切って、在庫が0になるのを待てばいいんだと。つくり変えるにも廃棄処分するにも、100万円単位の多額なお金がかかってしまいますし。でも、私は単純な人間なので、ファームステッドと組んでチャレンジすることを即決してしまったのです。

信頼関係があるからこそ納得のいく統一感あるデザインに

ファームステッド　ハッピネスデーリィの新しいシンボルマークとロゴができあがったときには、どんな印象でしたか？

嶋木　シンプルですごくよいと思いました。それまでは、私がどれだけ「ハッピネス」というバラにこだわりがあるかを説明しても、デザイナーにあまりわかってもらえなかったんですよ。1946年にフランスでつくられたバラの種類で、花の色は品のある赤です。高校時代に私が

読んだバラの本にその名前を見つけてすっかり気に入り、1970年に結婚したときに牧場名を「ハッピネスホルスタインズ」にしました。英語で「幸せ」を意味する言葉と説明すれば簡単に伝わるのですが、それ以上の個人的な思い入れがありました。

ファームステッド　出会った頃、嶋木さんはルバーブという野菜の栽培プロジェクトにも取り組んでいましたよね。

嶋木　ええ。これも美しい真っ赤な色が特徴で、体のむくみ解消にもなるカリウムを多く含む野菜。生命力が強く、苗を植えれば5年ほどは収穫できると言われています。日本ではあまりメジャーではない野菜で、事業としては結果的に失敗してしまいましたが。

ファームステッド　ルバーブは健康や美容によいということで最近女性を中心に知られるようになってきましたが、嶋木さんはそういう先進的なことにすごく感度が高いですよ。チャレンジするのが早すぎたのでしょう（笑）。あのルバーブのクリムゾンレッドがものすごくきれいで気品のある印象だったので、ハッピネスというバラの花も赤色ですし、シンボルマークのカラーに採用しました。

嶋木　たしかにルバーブの栽培の取り組みがなければ選ばれなかった色かもしれませんね。私としては、絵柄に牛と牛乳缶が並んでいるところも大好きなんです。ちゃんと一連の物語になっているじゃないですか。まず牧場があって、牛がいて、生乳を搾り出して、それを加工する、というね。

ファームステッド　ブランド名にあるデーリィには英語で「酪農」という意味があるのですけど、日本ではそれがわからない人もいっぱいいると思います。だから、「牧場感」を出そうと思って、絵だけでなく牧場名のロゴも大きく入れることにしたんです。嶋木さんの思いと工夫とチャレンジが詰まっているのは、やっぱり牧場です。アイスクリームショップをやっているわけではなく、酪農家がみずからの手で、牛舎と同じ敷地にある工房でつくっている商品の価値を伝えたい。そこで生まれたコピーが「ハッピネスデーリィは牧場です」。

嶋木　ポスターやパンフレットなどに使用する写真も、阿部さんが撮影してくれました。そうすると、一枚一枚の写真にちょっとしたクセみたいなものがあっても、全部を並べると意外と違和感がないんです。複数のデザイナーや写真家に仕事を依頼すると、統一感を出すのに苦労しますし、そういうところもよかったと思っています。

ファームステッド　嶋木さんから100パーセント、任せてもらえるのがありがたかったですね。ブランディングの仕事では、やっぱり信頼関係の構築が大切ですから。それがあるからこそ、納得のいくよいデザインが生まれたのだと思います。

3　嶋木正一　ハッピネスデーリィ／嶋木牧場（北海道・池田町）

さまざまな専門家と組むことで生まれた経営効果

ファームステッド　バラのハッピネスをモチーフにして、ルバーブのクリムゾンレッドをシンボルカラーにしつつ、牧場感が出るような絵柄もあしらってブランドのシンボルマークをつくりました。反響はいかがでしたか？

嶋木　ブランディングをきっかけにして、ソフトクリームの75パーセントに生乳を使った「生ソフトクリーム」が「ニッポンふるさとアイス選手権」で全国1位のグランプリを獲得しましたし、東アジア最大級の食品展示会「FOODEX JAPAN アイスクリームグランプリ」でも最高金賞を受賞しました。新鮮な生乳を使って、パルメザンの乳酸菌で8か月以上も熟成させたナチュラルチーズ「森のカムイ」も「Japan Cheese Award」で最高位を獲得して、JAL国際線ファーストクラスのメニューにも過去4回採用されています。昨年は北海道農業企業化研究所による「HAL農業賞」もいただくことができました（北海道の農業分野において、その発展向上を目指して独創的な組織運営をおこない、農業生産技術や加工・流通開発に取り組む法人や個人、組織に対して贈られる賞）。商品が広く知られるようになり、品質や取り組みを高く評価されるのは、うれしいことですね。

ファームステッド　コンテスト以外でも反響や効果はありましたか？

嶋木　ハッピネスデーリィの商品一覧を掲載したパンフレットもデザインしてもらったので、それで営業できるようになったのは大きいですね。展示会に行くとバイヤー、それも女性の方が熱心な反応をくれるようになったと思います。私が嫌いなのは、展示会でほんの少しだけ味見を

して、良し悪しを決めようとすること。これではうちの商品が本当においしいかどうかわからないじゃないですか。やっぱりオンラインショップからお客さんとしてお金を払ってもらって、あるいはこちらからサンプルを送ることにして、1個まるごとじっくりと味わってもらわないと。パンフレットを手に取って、サンプルも送ってほしいとなれば、そこでもうほとんど商談成立なんです。最初にかかった100万円単位のお金も、こうした効果があって1年で元が取れたかなという手応えがあります。

ファームステッド　それはうれしいですね。ハッピネスデーリィのブランディングの事例は、私たちも講演会をするたびに紹介させてもらっています。ばらばらなものが統一感あるものに変化した商品デザインのビフォー・アフターの写真を見せると、口で説明しなくてもブランディングをするとこれだけ変わると理解してもらえるので、私たちとしても本当に助かっています。

嶋木　ブランディングの取り組みによって間違いなく売上は上がっていますから。商品数は半分どころか3分の1以下に減らしたんです。それによって利益率が改善されて経営的にもすごく楽になり、クレームや在庫も減少しました。

ファームステッド　内部の大反対を押し切ってはじめたことですが、スタッフのみなさんに新しいブランドイメージが浸透するまでどのくらいかかりましたか？

嶋木　本当の意味で共有されるようになるまでには、5年くらいかかりましたね。1食あたり数百円という世界で商売をやっているので、大量に商品や資材を廃棄するというのは、大きな決断でした。取引先にはあれもやめます、これもやめますとお詫びの案内を出すのですが、残ったものがどれだけ売れるかという保証もまったくない状況ですから。意地でやったわけです。結果がよかったからこうして笑っていられるだけで、もしかしたら悪い方向に転んでいたかもしれませんし。でも、ちょうどよいタイミングでふるさと納税が普及して、全国から注文をいただけるようになりました。コンテストに出した商品が全国区で選ばれたことも、いま思えばよい営業になったのかもしれません。

ファームステッド　だから嶋木さんには先見の明があるんですよ。

嶋木　どうでしょうか……そう言われることもありますが、私は少し違うと思うんですよ。自分でいろいろな現場に行ってあらゆるものを見て、そこで思うのは、自分には能力が足りないということなんです。だから、ジェラートの専門家とか、コーヒーの職人とか、阿部さんのようなデザインのプロたちと組むんです。ジェラートでいえば、東京でとあるメーカーのものをはじめて食べたときには、その味に惹かれて会社まで訪ねたんです。そこで出会ったのが根岸清さんという方で、日本にジェラートとエスプレッソを持ち込んだ先駆者。以来、30年ものおつき合いになっています。

ファームステッド　自分ひとりで内に抱え込まずに、積極的に外に出てさまざまな能力を持った専門家と組むのも大事だということですね。

北海道・十勝以外の生産者のためにも力になりたい

ファームステッド　ブランディングによって商品が広まり、実際に売上が上がっただけでなく、コンテストでは評価も得られるようになりました。今後、ハッピネスデーリィとしてやってみたい試みというのはありますか？

嶋木　私は直感型で、計画を練りに練って動く人間じゃないんです。2年がかりの商品開発ですら考えられませんから。ただ、先ほどの人と組むという点でいうと、ほかの地域の生産者と何かをやってみたいという気持ちはあります。

ファームステッド　北海道・十勝以外の地域の生産者に協力したいということですか？

嶋木　協力なんていうとおこがましい気もするんですけどね。でも、一次産業で困っている地域のニュースを目にすると、力になれないかなと思うんです。たとえば、いまは国産の黒糖をめぐる状況が輸入品に押されてあまりよくないんですよ。黒糖をアイスクリームにするとめちゃくちゃおいしいのに。

ファームステッド　黒糖の産地といえば鹿児島や沖縄です。業界では農産品貿易の自由化や、製糖消費の減少、後継者の不足などが問題視されていますね。

嶋木　そこで、たとえば人口が減少したり、財政的に疲弊したりしている地域と協力して黒糖ベースのアイスクリームを開発して、それをふるさと納税の返礼品に採用してもらう。100パーセント地域の自前で製造販売をしなくても、商品の情報をきちんと公開すればよいんです。その地域から原材料を仕入れて、ハッピネスデーリィでアイスを加工する。そうすれば地域には税金が入り、うちは加工の代金だけをいただく。アイスクリームのおいしさは保証されているし、商品に新しい物語が生まれれば新しいお客さんを開拓できるはず。と、つい何かできないかと考えて、やりたくなってしまうんですよね（笑）。

ファームステッド流
デザイン&ブランディング
ポイント

種類が多く、ばらばらの印象だった商品イメージを統一する基本の仕組みをつくり、単品のとき以上に商品群となったときに発信力の強さを発揮するようなブランディングをおこなった。

4 東原弘哲

東原ファーム（北海道・芽室町）

生産者プロフィール

ホルスタイン牛は白黒の斑点模様を目印とする牛。北海道の日高山脈からさわやかな風と水が流れ、牛の生育に適した気候風土とされる十勝平野のふもとで20年以上にわたってホルスタイン牛の肥育をおこない、牛肉づくりを追求しているのが東原ファームだ。

東原ファームは1997年、東原弘哲さんによって創業された。東原さんは、畜産農家の次男坊。父親の事業を兄が引き継ぎ、東原さんは牛を肥育する部門として独立した。自身が本格化させた肉牛事業が軌道に乗り、現在は5名の従業員と2000頭ものホルスタイン牛を抱えている。

ホルスタイン牛は、乳牛のイメージが強いが、赤身肉生産用の牛でもある。ヘルシーな赤身肉と脂とのバランスが絶妙。東原さんが一徹に追求するのは、「ホルスタイン牛で和牛のようにおいしい肉をつくる」こと。徹底した現場主義をつらぬき、毎朝牛に話しかけて、屠畜場にも欠かさず足を運び、枝肉をチェックする。牛が健康にすごせるよう畜舎の床は常に清潔に保たれ、餌づくりにもこだわる。

商標登録もされた東原ファームのブランドに「十勝ココナッツ牛」がある。ネーミングのとおり、独自にブレンドした抗生物質フリーの餌に加えられるのは「コプラミール」というココナッツの搾りかす。これによって、通常だと家畜の体重が落ちやすい冬場でも、東原ファームのホルスタイン牛の体重は減るどころか増えるようになった。舌の上でとろける脂の濃厚な旨味が増して、より風味が豊かになった肉質を実現。「十勝ココナッツ牛」は西日本のスーパーを中心に

流通しているが、牛の餌にココナッツを加える取り組みを行うのは、日本で唯一、東原ファームだけだと言われる。

有限会社東原ファーム
〒082-0006 北海道河西郡芽室町東芽室南1線7-6
TEL:0155-62-5985 FAX：0155-62-5985
https://higashiharafarm.com/

飼育環境にこだわり、ホルスタイン牛で和牛のおいしさを実現したい

ファームステッド　日高山脈の眺めが雄大ですね。畜舎の床がふかふかで本当にきれいにされていて、牛たちから嫌な匂いが一切しないことに驚きました。すばらしく快適な環境だと思うのですが、東原ファームには何頭の牛がいるんですか？

東原弘哲　ホルスタイン牛が２０００頭です。肉の品質にこだわろうとすると、これ以上頭数は増やせません。私のほかに面倒を見ているのが５人の従業員と息子、朝晩に手伝ってくれる嫁さんと娘。ここの畜舎だけでなく、別のところにも素牛（もとうし）の牧場があります。

ファームステッド　牛を育てる場所が２か所あるのですね。どうしてでしょうか？

東原　それはもう口蹄疫対策ですよ。牛、ブタ、ヒツジ、イノシシなどがかかるウイルス感染症で、畜産農家にとっては一番の敵である病気。あれにかかったら、感染区域内の家畜はすべて殺処分しなければいけません。どれだけ手間暇かけて育てていようが、１頭１匹でも発症したらダメ。だから、万が一のことが起こっても牛たちが全滅しないように、飼育場をふたつに離しているんです。素牛の牧場は、ここから17、18キロは離れているので、どちらかは生き残れるように。広さはこちらが3町に牛舎10棟、向こうが1町５反に牛舎7棟です。

ファームステッド　口蹄疫対策でふたつの飼育場を持つというのは、畜産農家では一般的なことなのでしょうか？

東原　いや、たいていは1か所でしょう。２か所にしたら当然、必要な設備やコストが倍になり

ますから。でも、向こうの素牛の牧場のあるあたりは環境がよいんですよ。人間の生活圏・通勤圏でないから牛が嫌がる雑音がないし、空気もきれい。夜空を眺めれば人工衛星がはっきりと見えるくらい自然の深い土地なので、牛の飼育にとってもベストな選択だと思っています。

ファームステッド　なるほど、ところで東原ファームではホルスタイン牛の一貫生産方式をとっているのですよね。

東原　ええ。生後1週間の初生牛から飼いはじめ、18か月半から19か月かけて育てて、屠畜場に出荷しています。以前は生後6か月の状態から飼っていたんですけど、２００６年からこの体制に変更しました。

ファームステッド　その理由について聞かせてください。

東原　ＢＳＥの影響です。牛海綿状脳症、いわゆる「狂牛病」で牛の伝染病。数年前に日本でも大きな問題になりましたが、それを機に牛に個体識別番号をつけることが義務化されました。これによって牛の月齢がわかるようになったのですが、国の仔牛基金制度によって補助金が出るのは生後6か月からなんです。だから、素牛の生産者にとっては、6か月でどんどん売ってしまったほうが「金回り」がよい。そうして素牛が市場で安定して手に入らなくなったり、BSEやら口蹄疫やらで取引先が潰れたりしたので、現在のように一貫生産することになりました。そしてどこであろうと売れるようなおいしい牛肉をつくろうと、いっそう味にこだわるようになりました。そのひとつの成果が「十勝ココナッツ牛」です。

ファームステッド　東原さんが僕らファームステッドに声をかけてくれたのは、「十勝ココナッツ牛」というネーミングを商標登録して、もっとたくさんの人に知ってもらって売り出していきたいというタイミングでした。2016年ですから3年前になりますね。BSE問題や大手乳業系列の食品会社による牛肉偽装事件など、畜産農家の苦境が続く中で、こだわりの商品をブランディングによって差別化していこうと。

東原　そうです。ただ差別化といっても、勝負のポイントは「見栄え」ではなく、あくまでお客さんが口に入れてからの「味」と考えていました。ホルスタイン牛で和牛のおいしさを実現しようというのが原点です。

ファームステッド　ネーミングのとおり、「十勝ココナッツ牛」の餌にはココナッツが加えられているとのことですが、どうしてそれに着目されたのですか?

東原　ホルスタイン牛の欠点とされるものに「脂」があります。脂がうまくないんです。和牛の

ステーキだったら、脂をカリカリに焼いたり、ガーリックライスに混ぜたりして食しますよね。それがホルスタイン牛だと、脂は通常、全部捨ててしまいます。その捨てられる脂をどうにかしてお客さんに食べてもらえるようにしようというのがはじまりなんです。融点が高いせいで、脂の溶けが悪く、口に残ってしまう。それを解決しようと思って、和牛のことを調べるうちに、最終的には餌が重要なのだと気づきました。

餌には、ココナッツ、それにサトウキビとパイナップルの搾りかすを加えています。タイで会社を興している知り合いがいて、その人から教わりました。昔から東南アジアではココナッツの搾りかすが家畜の粗飼料になっているということで。これによって、肉の旨味成分を測るためのオレイン酸の数値も安定して高く出るようになったんです。食べたときの脂の味も間違いなく変わりました。

ファームステッド　ココナッツなどの搾りかすを餌

にすることによって旨味成分が高まり、それまで捨てられていた脂もおいしくなったと。東原さんのホルスタイン牛に対するこだわりはすごいですね。

東原　国の牛肉対策は和牛一辺倒で、十勝の畜産農家でも高値で取引できる和牛やF1牛の飼育が最近は人気です。でも、北海道には明治後期からホルスタイン牛が導入されている歴史があるわけですから。そこでうちは和牛生産の中心地である九州ではできない牛肉ブランドをつくり出そうと考えたわけです。

ロゴマークによって売り出し方の方向性が統一され、販路の開拓へ

ファームステッド　東原さんのホルスタイン牛に対する強い思いと、北海道の十勝平野という農業地帯に根差した試み。それを表現したくて、東原ファームの現在のロゴマークはできあがりました。

東原　色合いがシンプルでわかりやすいですよね。誰でもひと目でホルスタイン牛だと理解できる。家族に見せても、一瞬でわかってもらえたので、ほかの人に見せても同じだろうと。

ファームステッド　ロゴマークのデザインってカラフルにしがちなんです。でも、東原さんは、ホルスタイン牛でおいしい牛肉をつくりたいという一途な思いで行動しているじゃないですか。だから、それをシンプルかつストレートに表現したほうが合うんじゃないかと思ったのです。マークは牛の顔のみ、白黒の斑点模様だけを入れて背景はグリーン1色。このロゴマークを採用して、

何か具体的な効果はありましたか？

東原　商談がすごくスムースに進むようになりました。これまでは取引先ごとに一から口で商品を説明しなければならず、売り出し方もばらばらでした。はっきりしたマークがあることで、売り出し方の方向性が統一されて、やりとりも楽になりました。「十勝ココナッツ牛」というブランドでこちらがやりたいことが一発でわかってもらえるんですよ。

うちはＪＡやホクレンの系統会社との取引がないんです。函館の屠畜場から問屋さん1社に卸すか、取引のあるスーパーへ直送するか、どちらかです。

ファームステッド　なるほど、スーパーとの直接取引を生産者がおこなうことは一般的なのでしょうか？

東原　いえ、普通は生産者って取引にあまり絡まないんですけど、うちは価格の相談も含めて入るようにしています。3、4社と話し合った中で、どういう商品の形にするか決めていきます。責任を持って牛肉を生産しているわけですから。

4　東原弘哲　東原ファーム（北海道・芽室町）

ロゴマークのデザインはすでに取引のあるスーパーのことを考えて依頼したわけではないんです。これまでとは違う販路を開拓して、もっと好条件で取引をしたいというのが出発点でした。

ファームステッド　新しい取引先からのお話は来ていますか？

東原　はい、来ています。来週も沖縄のスーパーに商談をしに行く予定があるんですよ。うちの牛肉は基本的に西日本でしか流通していません。大阪と京都、岡山、広島。広島のスーパーは去年から力を入れていて、4店舗まで増えました。実際に取引先の店舗数が増えていることを見ても、デザインの評判はよいのだと思います。パンフレットや商品サンプルなどの資料を事前に送れば、どこも「十勝ココナッツ牛」のことを同じようなイメージで理解してくれますから、あとは直接会って補足的に説明するだけでいいんです。

ファームステッド　各取引先で一から売り方を提案するというのは、大変な労力がかかりますよね。特に「お肉」はスーパーに並んでいる商品だけだと、消費者にはひと目でほかと識別できる情報が見えにくい。東原ファームの「十勝ココナッツ牛」というブランドの顔がはっきり見える一本化されたロゴマークやパッケージデザインがあったほうが絶対によいと思いました。

「十勝ココナッツ牛」のブランドを縦に横に展開したい

ファームステッド　「十勝ココナッツ牛」をこのように展開したいという、今後の計画はありますか？

東原　やっぱり、これまでにない取引先をどんどん新規開拓していきたいですね。ホルスタイン牛ではなく「十勝ココナッツ牛」というブランド名でうちの牛肉を販売してほしいとお願いしているのですが、相手が大手のスーパーだとなかなか難しいですね。

ファームステッド　息子さんへの将来的な事業継承のことも考えているのですか？

東原　まだ具体的に動いているわけではありませんが、ロゴマークができたことで大きな安心感はあります。うちの事業のテーマが誰の目にも見える「旗印」になったので、私から息子に代替わりをしたとしても、このまま一本、縦に筋の通った方向性で東原ファームの仕事が進められるだろう。これは、やっぱり気分がよいものですよ。

ファームステッド　次世代に伝えられるものができたということですね。

東原　それと事業を横に広げようとするときにも使えます。このマークをそのまま使って、ブランド牛肉の直販店や焼き肉屋の経営を手がけるとか、あるいは海外への展開なども考えられるかもしれません。

ファームステッド　「十勝ココナッツ牛」の餌も、タイの知人から紹介されたという話でした。

東原　ええ。タイにはもう何回も行っています。でも、現地には本当においしい日本の焼肉屋がないんですよ。高級店に行っても、「なんでこんなレベルで商売できるのかな？」とさえ思うぐらい。牛肉を輸入するにしたって、もう少し手ごろでおいしいものはあるはずです。そこに、うちのブランド牛肉が入り込めるとよいですけどね。

ファームステッド　では、将来的には「東原焼肉店」が海外にオープンするかもしれませんね(笑)。そうしたビジネスの拠点ができれば、飼料の調達も効率的にできるかもしれません。いろいろなメリットがありそうです。

ファームステッド流
デザイン&ブランディング
ポイント

シンボルマークでは産品へのこだわりをストレートに表現し、売り場で埋もれないよう視認性の高いグリーンを採用。また印刷色を2色に絞ることで、経済性・効率性のよいデザインになっている。

5 池下藤一郎

池下産業（北海道・広尾町）

事業者プロフィール

北海道の十勝地方の東南部は太平洋に面し、北海道と首都圏を最短距離で結ぶ海上ルートの端には重要港湾の十勝港がある。そこは農作物の輸送を支えるとともに、基幹産業のひとつである漁業の基地にもなっている。スケトウダラ、毛ガニ、サケ・マス、アキジャケ、サンマ、イワシ、サバなど、豊富な水産物が通年にわたり水揚げ可能だ。

池下産業は、その十勝港を擁する広尾町に位置し、フィッシュミールや魚油など水産加工品の製造販売をはじめとする多彩な事業を展開している。さらには地域活性化の旗振り役も担うなど、水産業が盛んな北海道内でも注目される存在だ。

池下産業の代表を務めるのは3代目の池下藤一郎さん。現会長で2代目の池下藤吉郎さんが1983年に広尾町で会社を設立した。同社が取り扱う水産物のうち、特筆すべきは産卵前に豊富に脂肪を蓄えた「大トロいわし」。一般的なイワシの体内に含まれる脂の含有量が10～15パーセント程度とされる中、北海道道東沖で9月と10月だけ獲れるマイワシの脂の含有量は23～28パーセントにものぼる。

池下産業が独自の急速冷凍技術によって水揚げ直後の状態に劣らない魚の鮮度と味わいを実現した商品が、プレミアム冷凍ブランド「REVOFISH（レボフィッシュ）」だ。加工する魚体は高品質かつ大ぶりなものだけを厳選。「大トロいわし」など限られた季節にしか水揚げされない魚でも、時期を問わず安定的に市場に供給することができる。ブランド名のとおり、「レボフィッシュ」は水産業界に革命（REVOLUTION）をもたらすチャレンジだといえる。

池下産業株式会社
〒089-2637 北海道広尾郡広尾町字茂寄 936 番地 1
TEL：01558-2-5471
http://www.ikeshita-sangyo.co.jp/

「大トロいわし」のプレミアム冷凍ブランドを立ち上げるまで

ファームステッド　池下産業でデザインやブランディングの取り組みがはじまったのは、どのようなタイミングだったのでしょうか？

池下藤一郎　急速冷凍技術を使って、「大トロいわし」をいよいよ商品化していこうという時期でした。工場の着工の数年前から商品化に向けて動いていたので、いろいろなサンプルをつくってはお客さんに食べてもらい、アンケートも取っていたんです。でも、僕らの専門はあくまで水産加工品をつくるところまで。商品の見た目が消費者にとって洗練されたものになっているか、買いたいと思わせるものになっているか自分たちでは判断できなかったのです。そこで、つくったものを売っていくためには外部のプロフェッショナルに頼まないといけないと思い、ファームステッドに相談することにしました。

ファームステッド　僕らファームステッドに仕事を依頼するにあたって、何がきっかけになったのでしょうか？

池下　学生時代からファッションに興味があったので、「ブランド」について勉強をしながらインターネット上でいろいろな情報を収集していて、以前からデザインで一次産業を応援するファームステッドの事業を知っていたというのがまずひとつ。それから長岡さん、阿部さんが北海道の帯広出身と聞いて、同じ十勝地方の広尾町とは距離が近いし、僕らの仕事を理解してもらいやすいと思ったことも理由でした。

「大トロいわし」の商品化を本格的にはじめる前に、小型機を使ってサンプルをつくりました。そのときに東京にいる知人のデザイナーに仕事を頼んだことがあるんです。でも、東京と北海道では距離が遠いこともあり、電話やメールで数回やりとりしてロゴマークやパッケージデザインができあがったらそこで関係はおしまい。デザイナーがうちの生産現場に来ることはありませんでしたし、その後の展開について相談することもできませんでした。このときの反省もあったので、きちんとした専門家と長期的な視点でデザインを活用するさまざまな可能性をディスカッションしながら、本格的にブランディングに取り組んでいきたいと思いました。

ファームステッド　僕らとしては、一次産業の中でも水産業との取り組みはあまり多くないのですが、同じ十勝地方出身ということで選んでいただけたのはうれしいです。

池下　水産業界でロゴマークやパッケージデザインにお金をかけているところって、僕が知る限りほとんどありません。最近は農業者さんがつくる六次産業化の商品には、おしゃれなものも増えているんですけどね。でも、水産加工品のデザインは、いかにも昔ながらの「海の幸」という雰囲気のものばかり。うちの「大トロいわし」は、缶詰や干物などのよくある加工品とは違う「生食用」の商品ですから、やはりほかの業者と同じことをやるのは避けたかったんです。

ファームステッド　いわゆる筆文字で「鰯（いわし）」と書いてあるような、ありきたりなものはやめにしようと最初から話していましたよね。

池下　海にはいろいろな魚がいる中で、イワシなんて日本全国どこででも獲れるじゃないですか。たかがイワシなんですよ（笑）。でも、北海道で9月と10月、2か月の期間限定で獲れるマイワシだけは、産卵前で脂をものすごく蓄えている。食べると大トロのような味がするということで、うちでは「大トロいわし」とネーミングしました。でも、これが全国に流通していないんです。イワシという傷みやすい魚の特性上、鮮度管理が非常に難しい。飛行機で空輸しても、水揚げしてから道外の市場に届くまでに最低でも2日はかかります。でも、急速冷凍技術を使えば解凍後にも水揚げ直後と同じくらいの新鮮さや味わいを保つことができるので、デザインやブランディングによって差別化したいと考えました。

ファームステッド　そこで僕らが提案したのが「レボフィッシュ」というブランド名でした。英語で革命を意味する「レボリューション」と、魚の「フィッシュ」をつなげた造語です。このプランを最初に聞いたときにはどう思いましたか？

池下　僕らにはとても考えつかないようなアイデアで、おもしろいなと思いました。「レボフィッシュ」という語感もよいですよね。もちろん、不安もめちゃくちゃありましたけど……。「大トロいわし」を売りたいという思いからスタートしたデザインやブランディングの取り組みでしたが、まさか「イワシ」も「池下」も入らないブランド名をつけることになるとは思っていませんでした（笑）。

ファームステッド　このプロジェクトで一番伝えるべきなのは、急速冷凍など誰もやらないような手間をかけて旬の魚を季節を問わずに届けるという、これまでの水産業界の常識を覆す試みですから。東京で料理店をやっている知人に「レボフィッシュ」の魚を試食してもらってヒアリングをしたら、「イワシがこんな新鮮な状態で年中仕入れられるなんて信じられない！」とまで言われました。この衝撃度を表現するためには、新しい「旗印」を掲げる必要があると思ったんです。だから「大トロいわし」という商品や池下産業という企業ではなく、この衝撃自体をブランド化しようと。

池下　冷凍食品ってあまりイメージがよくないですよね。やっぱり「生」のほうが、獲れたてで新鮮という先入観があります。でも、実際のところ生の刺身が冷凍よりも新鮮かといえば、必ずしも全部が全部そうではないんですよ。そういう意味で、「レボフィッシュ」というブランドで、まず冷凍食品のネガティブなイメージを壊したかった。そして全国のスーパーにプレミアム冷凍ブランドの魚が当たり前のようにずらりと並び、消費者の認識を「急速冷凍の魚だからこそ鮮度がよい」というところまで持っていくのが僕の理想です。

水産加工業で地域社会を変え、世の中を変える

ファームステッド　池下産業とファームステッドがタッグを組んで今年2019年で2年目です。手応えはいかがですか？

池下　最初は不思議に思った「レボフィッシュ」というブランド名やロゴマークですが、やっぱりよかったという実感が日に日に増しています。東京で開催される食文化をテーマにした展示会「グルメ＆ダイニングスタイルショー」にも出展しましたが、めずらしい商材ということもあって予想以上の反応がありました。このデザインは外国のお客さんにも「清潔感がある」と好印象を持ってもらえるようで、中国やベトナムなど海外にも徐々に販路が広がりつつあります。完成したばかりの加工工場の壁面にも、白地に青のマークを目立つように大きく入れてみました。

ファームステッド　最初はごく普通に工場の前に看板を設置する予定だったんですよね。でも、

北海道広尾町にある「レボフィッシュ」の冷凍加工工場

敷地周辺を歩いてみると、港という開けた土地にあって遠くからでも目につく場所だと気がつきました。工場の壁に「レボフィッシュ」の巨大なマークを描くことで、広尾町に新しい風景が誕生するのではないだろうかと考えたのです。

池下　はい、広尾町の高台から港へ続く坂からよく見えるんですよね。「レボフィッシュ」の工場が将来的に町のランドマークになってほしいと思います。ここを通りかかる地域の住民に水産業に興味を持ってもらうことも大切です。

ファームステッド　費用対効果を考えたら普通はやりませんよね。ここはあくまで工場なので、商品を買いに来るお客さんがいるわけでもないから売上には直結しない。でも、地域活性化という視点から見ればひとつのプロモーションの施策になるかもしれないと思い、ダメ元で池下さんに提案してみました。社内での反響はどうでしたか?

池下　こういうすばらしい「冠」がついたおかげで、

それに恥じない水産加工のオペレーションをしないといけない、とよい緊張感が生まれているように感じます。「レボフィッシュ」の工場を建てるにあたって、設立メンバーとして声をかけたのは、大手の冷凍工場に勤めていた同年代の3人。いまではスタッフは十数人にまで増えています。かれらは製造マンなので、うちに来るまでは工場のラインで作業を淡々とこなすだけだったのですが……。

ファームステッド　経営者と直接コミュニケーションできる現場で働くというのは、やりがいがあるでしょうね。

池下　スタッフと「レボフィッシュ」のロゴマークはどの案がよいか相談をしたり、かれらを東京の展示会に連れて行ってお客さんと直接話をする機会をつくったりしています。自分たちのやりたいと思ったことをそのまま形にしやすい環境なので、士気は高いし、新しいことにも率先して取り組んでくれます。一人ひとりが単に生産だけでなくブランディングにも関わっているという実感を持つことで仕事へのモチベーションが高まり、それが商品の品質向上にもつながっていると思います。

ファームステッド　そして町に工場を新たに建てるということは、地域社会に影響を与える取り組みでもあると思います。広尾町で代々事業を営んできた池下さんは、イワシやサンマの減少、水産業の衰退、都市部への労働人口の流出など現状への危機感もはっきり持っているわけですよね。

池下　はい、「レボフィッシュ」の事業を広尾町の経済成長に結びつけなければならないと工場

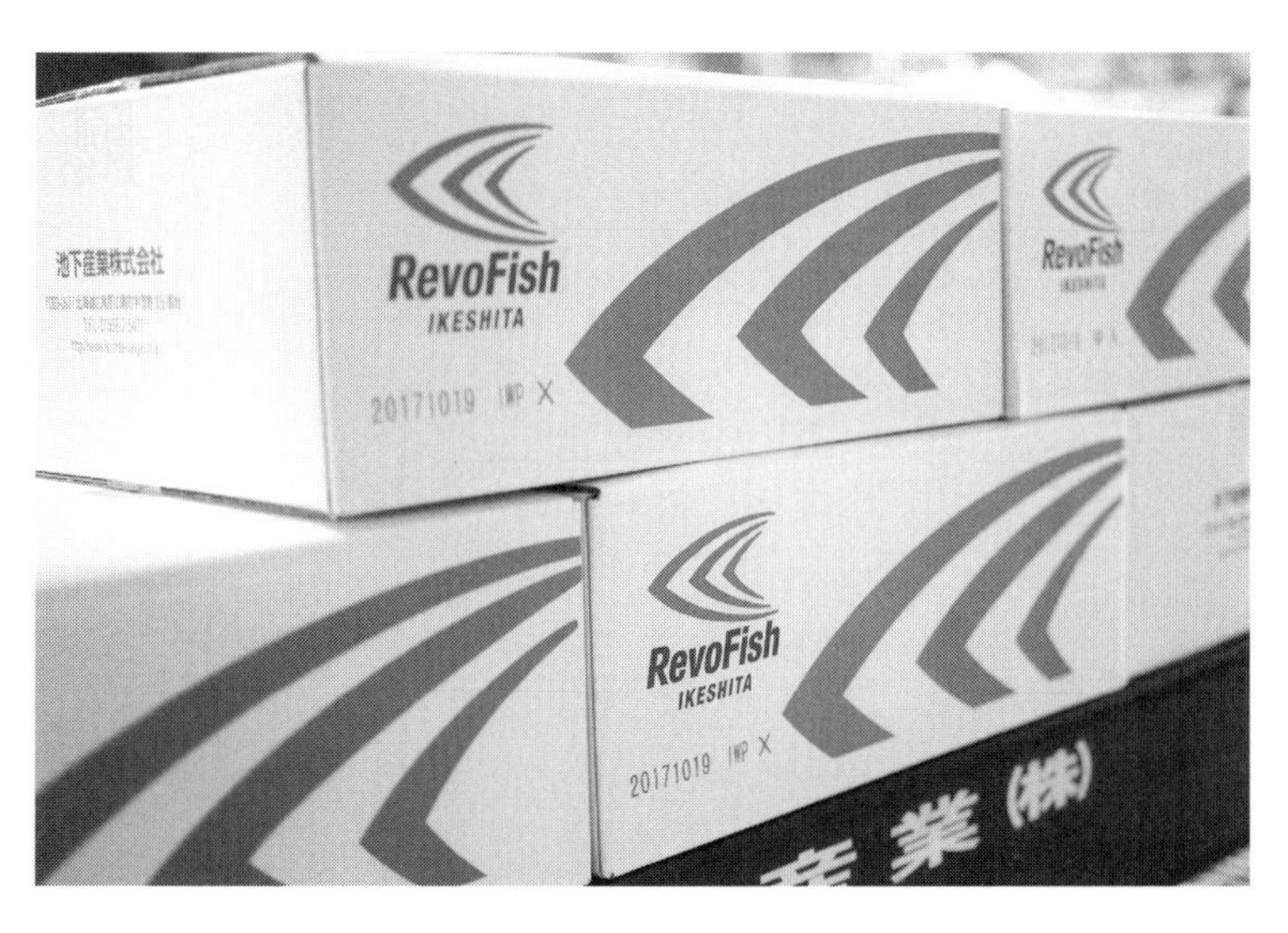

建設のタイミングから真剣に考えています。それに、やっぱりイワシを海で獲って、運んできてくれる漁師さんたちのために一肌脱ぎたいんです。「北海道のマイワシは最高においしいんだ」と教えてくれたのは、じつはかれら漁師さんたち。十勝に住んでいてもそのことにはなかなか気づきません。北海道の水産業でいえばサンマやサケがメインで、イワシなんて道内で水揚げされる8割以上が飼料になります。だから、自分で言うのもなんですけど、イワシを1尾ずつ選別して冷凍加工するなんていう発想は、普通では考えられない「ぶっ飛んだ」ものなんです(笑)。「そんなもの売れるはずがない」という声も根強くあって、僕らだけが漁師さんの声を信じて、そこに価値を見出している。「レボフィッシュ」というブランドで、世の中を変えるぐらいの大きなインパクトを与えられるように攻めていかなければなりません。

漁業の「ストーリー」によって生産者と消費者の一体感を

ファームステッド　長期的な視野でブランディングを継続する中で、今後期待していることはありますか？

池下　さきほども言ったように、「レボフィッシュ」が広尾町の地域活性化の起爆剤になればいいなと思います。現状では、うちのチャレンジがよい意味で「脅威」や「刺激」になっているのでは、と感じています。ここの水産加工業者がやることは皆だいたい同じで、シシャモだったら干物にする、アキジャケだったらフィレか生にする。でも、僕らがつくるのはグレードの高い冷凍食品。ほかの加工品とは販売単価が全然違うので、仕入れ値も高い。

ファームステッド　広尾町には同業他社がいくつあるのですか？

池下　水産加工だけで15社くらいはありますかね。この工場ができる前は、うちでは水産加工は一切やっていなかったんです。養殖業の飼料用にイワシを買うために仲買権は持っていたのですけど、全般的な漁獲量も少なくなってきているのに、いままでと同じことをするだけではもう限界じゃないですか。だから、こうして新しい加工方法を試して商品開発をしたり、新規の販路を開拓したりする必要があります。

　じつは今年から、うちと関わりの深い漁師さんに、「レボフィッシュ」のユニフォームを支給しようかとも思っているんです。24ある漁船のうち数組が僕らのオーダーどおりの特別な魚の獲り方をしてくれます。乗組員は一船団で70名にものぼることもあるのですが、かれら全員にユニ

フォームを着てもらい、うちの魚を運んでくるときは誇らしげに帰港してほしいな、と。直接、売上に結びつくことではないかもしれませんが、これも僕らにとってブランディングの試みのひとつです。

ファームステッド　とてもユニークなアイデアじゃないですか。自社のプロモーションだけではなく、事業のパートナーも含めてブランドを共有し、皆で一体感をつくっていくということですね。

池下　池下産業ばかりががんばっても仕方ありませんからね。僕らの思いを伝えるためのデザインやブランディングのプロがいて、そのブランドを掲げて商品をつくる僕らがいて、その思いを預かって魚を獲ってきてくれる漁師さんがいる。この一体感が市場にも浸透していけば、お客さんも共感してうちの商品を買ってくれるのではないかと思います。

ファームステッド　地域社会や漁師さんと価値を共有していき、消費者の共感力をも呼び起こそうとする。池下さんがやっていることこそ本当の意味でのブランディングというか、ブランディングを超えたチャレンジかもしれません。

池下　僕らも素人なので、はじめのうちはおしゃれなデザインの商品をつくればそれでよいと単純に考えていました。でも、ファームステッドのおふたりは僕らがいままで見ていなかった部分、たとえばどのように「レボフィッシュ」というブランドが生まれたのか、背景にある「ストーリー」で訴求することの重要性を提案してくれたんですよね。僕らの場合でいえば漁師さんの仕事の尊さや、イワシそのものの魅力をていねいに説明すること。こうしたブランディングの取り組みは金銭的なコストも当然かかりますし、売上に短期的に反映されることはないかもしれません。でも、「旗印」を掲げることで何よりもまず僕らが挑戦し続ける意識を持ちつづけ、共有することができる。そして長い目で見たら、ストーリーが社会に認知されることによって商品のブランド力や付加価値が上がることは間違いないと思います。

ファームステッド流 デザイン&ブランディング ポイント

将来的な事業展開もみすえて先進的なブランド名を提案し、またそれに合わせ、スタイリッシュな欧文を使ったシンボールマークで旧来の漁業のイメージを打ち破ることを意識した。

6 伊藤隆徳

フルーツのいとう園

（福島県・福島市）

生産者プロフィール

「果物王国」として名高い福島県。その中でも、「フルーツライン」と呼ばれる道路が通り、果樹栽培が盛んな土地として知られるのが、福島市の西側に位置する飯坂町だ。気候風土に恵まれたその地で収穫される主な品種だけでも、サクランボ、桃、ナシ、ブドウ、リンゴ、ブルーベリーと枚挙にいとまがない。フルーツのいとう園は、そうした環境でいち早くブドウ栽培に着手し、成功した農園だ。現在の代表を務める伊藤隆徳さんは4代目。1899年創業という歴史が物語るように、まさに福島の果物王国を牽引してきた存在ともいえる。

フルーツのいとう園の代名詞であるブランド商品に、「国産大粒高級枝付き干しぶどう」がある。用いるのは巨峰や高尾、シャインマスカットといった高級品種のみ。太陽光をいっぱいに浴びて育ったブドウは、どれも大粒で糖度は18度以上。それを収穫後、時間を空けずに加工施設で房ごと乾燥させ、こだわりの逸品に仕立てていく。ひとたび口にすれば、甘みと酸味が絶妙に調和し、自然の味わいがギュッと詰まっているだけでなく、栄養価が高い点でも評価されている。食物繊維が豊富で、カルシウムやマグネシウム、鉄分、ビタミンB群などのバランスもよい。そのうえ皮には、抗酸化作用があるポリフェノールも含まれている。

伊藤さんは無添加にもこだわり、フルーツの加工品には着色料や保存料などはいっさい不使用。年齢を感じさせないチャレンジ精神によって、2011年の東日本大震災を乗り越え、誰もが福島県産のフルーツを安心して食べられるようにするため、日々努力し続けている。

株式会社フルーツのいとう園
〒960-0221 福島県福島市飯坂町東湯野字上岡 14 番地
TEL：024-563-5512 FAX：024-563-3549
http://www.f-itoen.com/

東日本大震災後、起死回生の策としてはじめた商品開発

ファームステッド　フルーツのいとう園がある福島県は全国でも果樹栽培が盛んな地として知られていますが、2011年3月に東日本大震災が起きました。大変な被害があったと思います。

伊藤隆徳　そりゃあ、もう大変で……。震災の被害はもちろん、その後には原子力発電所の事故があり、それによる風評被害が深刻でしたよ。

売上で言えば、震災後は4割減になりました。4割も少なくなった売上から経費を引けば、何も残りません。とにかく突然、注文が入らなくなって……。以前はうちのフルーツはお歳暮で人気だったのですが、震災を機に注文をやめる個人の顧客が続出したのが大きな打撃になったと思います。

ファームステッド　電力会社から風評被害の賠償金は出なかったのですか？

伊藤　賠償金はありましたが、そうすぐに支給されるものではありません。なかなか賠償金が支払われないので、まわりの農家は皆困っていましたよ。収穫が終わり栽培の準備をはじめる春先は農家にお金がない時期なので、これは本当にどうしたらよいのだろうかと不安でした。

ファームステッド　震災、原発事故、風評被害。路頭に迷いかねないような状況の中で、伊藤さんが起死回生の策としてはじめたのが「国産大粒高級枝付き干しぶどう」の商品開発だったのですね。

伊藤　ブドウの価格は震災後に2〜3割、下落しました。風評被害で、生の果物では売れません。

そこで知り合いから「干しぶどうをやってみたら?」と言われて、最初はそんなにピンと来なかったのですが、一念発起でとりあえずやってみようと。でも、いきなり大きな乾燥機械を借りるとなると、コストがかかってしまう。そこで福島県の農業短期大学に小さな機械があると聞いて、コンテナに生のブドウを積んで持っていきました。

ファームステッド　そうしてあの干しぶどうができあがったのですか?

伊藤　いや、それが最初につくったものを食べたら歯が立たないぐらい硬かったんですよ(笑)。1週間くらい機械に置いていたところ、どうやら乾燥しすぎだったみたいで。それをうちに持ち帰って1か月くらい冷蔵庫に入れておいたら、庫内の水分を吸ってしなっとなったんです。それで何気なく口に入れてみたら今度は見違えるほどおいしくなっていて、「これは商品化できるかもしれない」と本格的に考えはじめました。

ファームステッド　干しぶどうづくりの専門家の指導やアドバイスは受けなかったのですか?

伊藤　福島県ハイテクプラザという公設試験研究機関で、岩手県で干しぶどうをつくっている方を紹介していただきました。巨峰ではなく別の品種でつくっていたのですが、乾燥や殺菌を含めて加工の方法を見せてもらいました。その後、別の民間の微生物研究所に試作品を持参して賞味期限の検査を繰り返して、少しずつ商品開発を進めていきました。

ファームステッド　自家で乾燥もおこなうとなると施設の準備も必要になりますよね。

伊藤　はい、これは国の六次産業化の認定を受けて、国と県の補助金で加工のための機械や建物を準備することができました。2014年にまず試作品用の機械を導入して、本格的に乾燥場の改築をはじめたのが翌年です。

ファームステッド　商品開発や施設の改築を進めて、いよいよ販売という段階に入ったわけですね。「国産大粒高級枝付き干しぶどう」の特徴は、小房をふたつ付けたデュエット仕立ての干しぶどうであること。実をつける前からふたつの房になるように房づくりをしているので大変な手間をかけていますよね。

伊藤　「干しぶどう」の試食をしてもらったら高い評価の感想を次々にいただきました。でも、それから先の販売をどう進めるのか、そのときは全然考えていなくて。

ファームステッド　伊藤さんと僕らファームステッドの出会いもその頃でした。震災を乗り越えるために、海外に打って出たいと熱心に話されていたことをいまでも覚えています。福島の安心・安全、そしてその先にある「おいしさ」を伝えたい、そのためにはどうすればよいか、という相談を受けました。

伊藤　そうでしたね。でも、じつはファームステッドに出会う前に別の東京の会社にデザインを依頼していて、「国産大粒高級枝付き干しぶどう」のロゴマークやパッケージなんかは一応できあがっていたんですよ。数十万円の予算をかけてね。

ファームステッド　すでにデザインができていたにもかかわらず、どうしてあらためて僕らに相談しようとお考えになったのですか？

伊藤　東京のデザイナーがうちの農園に一度も来ないままデザインだけが届くのは、おもしろくないなと（笑）。その会社に不信感を抱いたというか、一緒に仕事をする上でよい関係がつく

れないと思っていたんです。商品がよいと信じていたからこそ、納得するデザインがほしかった。ところがファームステッドの長岡さんと阿部さんに相談すると、まずふたりで福島まで来てくれましたよね。デザインやブランディングの仕事をはじめる前に、現場を見ていろいろ話を聞かせてほしいということで。

ファームステッド　そこは僕らも大事にしているスタイルなので、評価していただけてうれしいです。

伊藤　フルーツに対する思いや農業のことだけではなく、契約の細かな内容、デザインの考え方、その後の売り出し方のノウハウまで、話を詰めることができました。自分の中では、このときの訪問でおふたりとの信頼関係ががっちり固まったように思います。

ファームステッド　そしてフルーツのいとう園のロゴマークができたときにはどう思いましたか?

伊藤　間違いない、と直感しました。妻もものすごく気に入って。カラーが黒と金で高級感があってふさわしい。うちの干しぶどうは巨峰など高級品種しか使っていませんからね。それから農園ではブドウだけではなくて桃やリンゴも栽培していますけど、マークにはその絵もきちんと入っている。これ、ファームステッドがデザインした作品の中でも、最高の出来栄えじゃないかと思っていますけど（笑）。

ファームステッド　生産者の方にそこまで言っていただけることはなかなかないので、ありがたいです（笑）。

「国産大粒高級枝付き干しぶどう」をソムリエスタイルで販売

ファームステッド　現在の経営状況はいかがですか？

伊藤　2018年度の売上は過去最高で1000万円を超えるまでになりました。震災前でも2009年、2010年の1000万円弱が最高。震災で減った4割を取り返すどころか、大きく盛り返すことができました。

ファームステッド　ロゴマークができたことで、何か変化や反響はありましたか？

伊藤　「国産大粒高級枝付き干しぶどう」のブランディングの一環として、展示会や販売会などでは「ソムリエ風」の格好で出展したほうがよいとアドバイザーから指導を受けました。白いシャツに黒いベスト、さらに蝶ネクタイにギャルソンエプロン。蝶ネクタイなんてはじめてだから、付け方もわかりませんでした（笑）。でもソムリエ風の姿をしていると、バイヤーやお客さんに覚えてもらえるんですよね。それに、やる気が出るんです。最高級のブドウを使った「干しぶど

う」なので、贈答品としての用途をターゲットにしています。ファームステッドがデザインした、高級感あるギフト仕様の黒い貼り箱のパッケージも好評です。

それから展示会の会場で、複数のテレビ番組の方が声をかけてくれて、取材を受けました。やはりよほど目立っていたんでしょう。今年2019年の3月には、TBSの番組「マツコの知らない世界」でも最高峰のドライフルーツとして紹介してもらいました。テレビはものすごく影響力があって、いろいろな方から問い合わせがありました。メディアに出るときも、いつも蝶ネクタイ姿のソムリエ風です。そうすることで、ひと目で「フルーツのいとう園」とわかってもらえるので、変わらずそのスタイルを続けています。

ファームステッド　展示会などを通じて商品の契約成立に至ることもあったのですよね。

伊藤　ええ、「国産大粒高級枝付き干しぶどう」が最初に契約したのはJALUX、日本航空関連のグルメファーストクラスのカタログ通販をやっている会社です。そこがうちのブランド商品をカタログに掲載してくれて、大きな実績になりました。それからは取引先としてＪＡＬＵＸの名前を挙げれば、バイヤーとの商談がスムースに進むようになったんです。

最近だと、県内の酒屋や百貨店にも販路が広がっています。干しぶどうはワインと合うんですよ。ワインなどの飲み物とセットで販売したいと言ってくれて、去年だけで１００個くらいが売れました。こういう取引先からまとまった数であらかじめ予約をもらえれば、こちらも安心して生産できます。

ファームステッド　「国産大粒高級枝付き干しぶどう」は年間でどれくらいの個数をつくっているのですか？

伊藤　去年でだいたい３００個くらい。ある程度は売れることがわかってきたので、今年は５００個くらいと見込んでいます。枝付きのほかに、実だけのバラの干しぶどうもありますよ。こちらは去年２００キロくらい用意したら売り切れたので、今年は余計につくらないといけないなと思っています。現在、フルーツのいとう園という会社は夫婦ふたりでやっている状況なので、これから人を雇って生産量を増やしていきたいと計画しています。

ファームステッド　干しぶどうという新しい商品が売れはじめている状況は、震災後の農園経営にとっても大きな意味があると思います。

伊藤　そうですね。干しぶどうのほかにも、去年、農園の近くに道の駅がオープンしたことで、ブドウ、桃、リンゴ、ジュースなどの販売から安定した売上を確保できるようになりました。道

フルーツのいとう園の「国産大粒高級枝付き干しぶどう」

の駅の店頭では、自分で値段を設定できるところがおもしろいですね。ブドウと桃の季節には、1か月で80万円くらいの売上になりました。ロゴマークがあるのはうちだけだから、販売するスタッフもお客さんも「あのおしゃれなパッケージの農園さんね」と認識してくれるんです。

ファームステッド　「国産大粒高級枝付き干しぶどう」の商品化、展示会やメディアではソムリエスタイルで立つなど、ブランディングという新しい取り組みをはじめたわけですが、伊藤さん自身はいま、どのように感じていますか？

伊藤　最初は自分でもとまどいがあったんですよ、もともとは果物を生産するだけの農家ですから。モノを売るということに興味はあったけれど、どうやって売ったらよいのかはわからない。作物の味さえよければ、見た目なんか関係ないとさえ思っていました。でも、ファームステッドのおふたりからアドバイスされることを忠実にやってみたら、見違えるような結果が生まれたんですよ。それから、うちのフルーツをほかの人に認めてもらえるようにするにはどうすればいいのかということをいつも考えるようになって、実践してみるようになりましたね。

デザインというものは、バイヤーとかお客さんとか、相手が商品を見たときに手に取りたくなる、買って食べてみたくなるように導く、その第一歩かなと思います。いくらよい作物をつくっても、目につかないと誰にも届かない。ロゴマークやパッケージデザイン、ソムリエ姿だけじゃなくて、展示会でもただ商品を並べるだけだったのをきちんと装飾的にディスプレイして工夫して見せるようにしています。いまではうちのブースを、みなさん写真に撮っていくんですよ。もちろん、商談もとんとん拍子に進んでいきます。

福島の安心・安全、おいしい食品を海外の人にも食べてもらいたい

ファームステッド　海外に打って出たいという計画についてはいかがですか?

伊藤　今年もオーストラリアに行って現地の日本食品を扱うバイヤーと1時間半ほど話をして、帰国したらすぐに注文が来ました。やはりビジネスは人間関係が大切ですから、直接会って話をすることですね。もともと海外旅行が好きなので、外国の方とも遠慮することなくしゃべれるん

です。

ファームステッド　なかなかできることではありませんよね。

伊藤　東京でのフルーツの展示会への出店をきっかけに、「国産大粒高級枝付き干しぶどう」をシンガポールの百貨店で1か月販売してもらったこともあります。自分の目で確かめないといけないと思って、シンガポールまで視察に行きました。行ってよかったですよ、いざ現地に着いたら「干しぶどう」の貼り箱が蓋を閉めた状態で並んでいるだけ（笑）。それでは売れるわけがありません。そこで自分は干しぶどうを小さく切って試食用として出すようにしました。

ファームステッド　そのほかにも海外へ視察に行かれたことはありますか？

伊藤　アラブ首長国連邦のドバイに行ったことがあります。日本の食品がどんなふうに受け入れられているのだろうと思って。ドバイモールという大きなショッピングモールがあるので、現地のジェトロ（日本貿易振興機構）から通訳の方とドライフルーツの専門店を紹介してもらいました。商売には結びつかなかったのですけど、行ってはじめてわかることがたくさんありました。どんな商品がどんな価格でどんな場所に置いてあるか、どういうビジネスが成功しているのか。領事館でもいろいろと話を聞かせてもらって、ドバイ国際博覧会という大きなイベントがあるので、福島県からもブースを出してはどうかと言われました。

ファームステッド 福島の安心・安全、おいしい食品を海外の人にも食べてもらいたいと。伊藤さんの取り組みは、震災後の福島の農業にとっての希望の道づくりであると感じます。

伊藤 それは私たちみたいな生産者がやらないと、なかなか伝わらないと思うんですよ。農家がみずから海外に出向いて、福島県の食品がいかに安心・安全で、どれだけおいしいかを説明して、食べてもらう。ドバイでは震災の風評や懸念はあまり聞きませんでしたから、可能性はあります。

ファームステッド 東日本大震災後の大変な苦労があり、それを乗り越えようとチャレンジを続けている。フルーツのいとう園のブランディングは、一次産業をデザインで支援することをモットーにするファームステッドがもっとも強く成功を願ったケースのひとつです。

ファームステッド流 デザイン&ブランディングポイント

マーケティングをもとに海外進出も視野に入れ、欧文と果物のイラストを使ったシンボルマークをつくり、ギフト需要に応えられる高級感あるパッケージも制作した。

7 森清和

森農園（群馬県・倉渕町）

生産者プロフィール

「ケープグーズベリー」の名で知られる、食用ホオズキ。見た目は黄色いプチトマト。糖度15度ほどの甘み、ベリー系の酸味、そして南国のフルーツのような芳醇な香りを併せ持つ。ビタミンA、ビタミンC、ビタミンE、鉄分、イノシトールなどの栄養素が豊富に含まれ、健康や美容に関心を持つ人々からいま注目されている。刻んでサラダにしたり、前菜に盛り付けたり、肉料理や魚料理に添えるソースにしたり。チョコレートをコーティングすればスイーツになり、セミドライのものはワインとの相性が抜群。原産地である南米をはじめ、ヨーロッパ、北米、インドなど、世界じゅうで家庭の食卓に並ぶポピュラーな野菜として親しまれている。

「記憶に残る野菜」をテーマに掲げて、このケープグーズベリーの栽培と加工に励む農家がいる。群馬県高崎市、榛名山西麓の標高450～900メートルに位置する風光明媚な倉渕地区にある森農園だ。代表を務める森清和さんは、妻の有理さんと夫婦ふたりで東京から移住し、2010年から新規就農者として無農薬、無化学肥料による栽培に取り組んでいる。森農園の作物は、高地に適した外来の野菜であるケープグーズベリーのほかに、根菜、葉物類、豆類など。自家製の堆肥を使った土づくりをして微生物の数を増やすことで野菜が健康的に育つ環境を整え、また太陽や雨など天の恵みを活かすために露地栽培にこだわっている。

決して農業に向いているとは言えない土地で、新規就農者として、また移住者として農園を営み、デザイン・ブランディングに積極的に取り組む姿勢は全国の小規模農家の参考になるだろう。

森さん夫妻

森農園
〒370-3401 群馬県高崎市倉渕町権田 2914-1
TEL：027-378-2382　FAX：027-378-2382

ケープグーズベリー
――新規就農者だからこそほかの農家がやらない作物を

ファームステッド　森さんは、もともとは農業ではなく違う仕事をしていたのですよね。

森清和　はい、東京にある中古カメラ店で10年ほど働いていました。妻と出会ったのもその職場です。僕が長野県松本市、妻が宮城県塩釜市の出身なのですが、ふたりとも農業とは無縁の家庭で育っています。それが結婚を機に、妻の希望で農業をやるようになりました。

ファームステッド　新規就農者であり、移住者でもある。群馬県高崎市の倉渕地区には何か縁があったのですか？

森　いや、夫婦揃って縁もゆかりもない場所でしたが、倉渕で農業体験の短期ステイをしたことがありました。この地域には新規就農者が多いんですよ。いまは「くらぶち草の会」という農薬や化学肥料に頼らない小規模家族経営の生産者組合に加入しているのですが、約40組いる中で半分はよそ者。異業種からの転職で就農した人が多く、柔軟な受け入れの態勢も整っていたので、ほかの地域ではじめるよりは苦労は少なかったかもしれません。

くらぶち草の会では、作物を農協にいっさい下ろしていなくて、独自の販路を確保しています。首都圏に流通ネットワークを構えていているので、会に出荷するだけで販売網に乗せられる。研修期間中に利用できる新規就農者向けの市営の研修住宅もあって、生活基盤がゼロでも農業をはじめられるので移住者が多いのだと思います。

ケープグーズベリー（食用ホオヅキ）の実

ファームステッド　おふたりが倉渕へ移住したのはいつのことですか？

森　２００８年です。２年間の研修の後に森農園として独立しました。でも、最初の数年間はとにかく試行錯誤の連続。自分たちが何をやるべきかもよくわからない状態で、インゲン、トマト、ダイコン、カブ、キュウリ……と栽培して出荷できるものならとりあえずなんでもやってみようというところからスタートしました。

ファームステッド　それがどういう経緯でケープグーズベリー、食用ホオズキにたどり着いたのですか？

森　出荷できるものなら、とそれこそ年間50品目くらいつくってみたんです。でも、千葉県、埼玉県、神奈川県といった東京近郊の農家には生産量でも、首都圏への輸送スピードでもとうてい追いつけませんし、そこを目指しても楽しくない。また卓越した技術があるわけでもないので、普通の農家と同じ作物をつくっても競争できません。逆に倉渕という高地で、新規就農者しかできない特徴のある作物をやってみようという思いで、ケープグーズベリーをはじめました。

ファームステッド　ここは冬にはかなり雪が積もりますから、自然の厳しさを感じさせる土地でもありますよね。

森　ええ、そもそも倉渕は農業に不利なんです。耕作地の面積は狭いですし、どこでも傾斜がありますから。そんな中でいろいろな可能性を調べていたら、ケープグーズベリーは標高700メートル以上でないと育たなくて、単価が高い作物であることがわかって。輸送コストを節約しながら、首都圏のシェアを押さえることができればいけるんじゃないかと。まず自家用で栽培して食べてみたら、「おいしい!」と味に手応えを感じたので、これを森農園のメインの作物にしていこうと決意しました。

ファームステッド　僕らファームステッドが群馬県の前橋市で開催した講演会とデザイン相談会に森さんが来たのは、ケープグーズベリーの栽培が本格化してからのことでしたね。たしか2014年の11月。とても農家には見えない、金髪でブルーのセーターといったおしゃれなファッションに身を包んだ人が現れて、びっくりしました(笑)。どうしてロゴマークのデザインに取り組もうと思ったのですか?

森　最初は自分たちでラベルやパンフレットをデザインして制作していました。僕はパソコンのデザインソフトを使いなれていたし、写真を撮って画像処理をすることもできたので。商品を売るためにはブランディングも重要、と必要に駆られていろいろと勉強もしました。でも、デザインといってもしょせんは素人仕事だし、発想にどうしても限界があって、お客さんにしっかり訴えかけるようなブランドづくりをすることの難しさを痛感していたんです。ちょうど悩んでいたタイミングでファームステッドの講演会が開催されたので参加して、長岡さんのお話を聞いて、

森さん（右）、筆者・長岡（左）

前向きに検討してみようと思いました。

ファームステッド　組合的な生産者の会に加入していると、商品のデザイン相談会やセミナーに参加する機会も多いのではないかと思います。その中でも僕らに声をかけるに至った理由があれば教えてください。

森　ファームステッドがデザイン会社の中でも一次産業の支援を専門に活動しているところですね。いかに商品を売るかというビジネスの部分を考えるだけでなく、生産者のパーソナルな思いや作物自体の価値にも重きを置いてブランディングの仕事をしている。そこが共感できるし、信頼できると思ったんです。

それに長岡さん、阿部さん自身が現地に足を運んでくれるじゃないですか。風景だったり空気感だったり、その土地に来ないとわからないことって絶対にありますよね。僕ら森農園のコンセプトは「記憶に残る野菜」をつくること。それは倉渕という土地を実際に見て、体験しないとなかなか伝わらないとも思っていたので、僕らにとってはありがたいことだったんです。

ロゴマークをつくることで農園への責任感が芽生えた

ファームステッド　ロゴマークの案ができたとき、どう思いましたか？　２０１５年の春先に食に関する情報ポータルサイトが主催する展示会に出るというタイミングに合わせてのことでした。

森　鮮烈で明るめのターコイズブルーがシンボルカラーとしては予想外で、でも気に入りました。ケープグーズベリーもそうですが、常識にとらわれずにいろいろなことに挑戦してみようと思っていたので。

ファームステッド　農業デザインにはグリーン系などのアースカラーを使うことが多いのですが、森農園に関してはちょっとそこからずれた、違う感じを表現したいと思いました。そもそもメインの作物のケープグーズベリーは海外ではポピュラーでも日本ではまだめずらしい。これまでにないイメージをこのカラーで打ち出したかったんで

す。

一方でシンボルマークの形はすごくシンプルにしていて、榛名山の美しい山並みのイメージを森農園の頭文字であるMと掛け合わせたものです。なぜアルファベットを採用したかというと、「森農園」という漢字の名前は日本全国におそらくたくさんあると思いましたし（笑）、食用ホオズキとか黒ニンジンとか、森さんが外来の野菜を栽培しているという理由からです。

また榛名山には榛名湖があるので、そうした豊かな水のある風土を表す意味でもこのカラーが合っているんです。

森　僕らの農園でやっていることや感じていることがそのまま表されているので、これを自分たちのロゴマークとして掲げられることが、仕事をする上で非常に大きなモチベーションにもなっています。

ファームステッド　売上などの数字に表れる外的

な効果よりも、心理面で内面的な効果があるということですよね。

森　はい。ロゴマークをつくってから展示会に出展して東京の有名フルーツ店や高級スーパーとの商談も進んだのですが、それよりも自分の中であらためて「森農園としてやっていくんだ」という強い自覚が生まれたのが大きな出来事でした。ひとつのロゴマークを、自分たちのたくさんの思いが込められた「旗印」というか、アイデンティティそのものとして考えられるようになったんです。最初は商品をより多く販売するためにファームステッドにデザインの仕事をお願いしたつもりでしたが、実際にやってみると、自分自身の変化というものが一番大きくなっていますね。

ファームステッド　ここで、奥様の意見も聞かせていただければと思います。

森有理　森農園のアイデンティティという点で、夫と同じ意見です。それまでは、ちょっとふわふわとしていたのが、ロゴマークをつくることでようやく地に足がついたともいえるかもしれません。それから森農園として出荷する商品への責任感も芽生えました。こういうことには、ただロゴマークをデザインして終わりというだけじゃなくて、長岡さんや阿部さんに相談しながらブランディングについて何年も継続的に取り組んでいる中で気づくことができました。

ファームステッド　まわりの人からはどんな反応がありましたか？

森有理　最近、マルシェなどで対面販売をするうちに、お客さんに覚えてもらえるようになったのがうれしいですね。ターコイズブルーのマークに目が留まって、「あ、見たことがある！」と言ってもらえて、2回、3回と商品を買ううちに信用につながって、リピーターになってくれるのだ

高級感あるケープグーズベリーのパッケージ

と思います。「記憶に残る野菜づくり」というテーマを少しは実現できているかな、と。

森　通常の商品パッケージのほかに、展示会や販売会のブースに必要なのれんやのぼりや幕、パンフレットやギフトボックスなどのデザインについても、同業者からの評判はよいです。逆に言うと、お客さんからも同業者からも評判のよいロゴマークを掲げて商品を出荷するとなれば、品質もそれに見合っていないといけないじゃないですか。そういう高品質な野菜づくりをこれから何十年と続けることで、しっかりしたブランドに育っていくと思います。

消費者と畑の距離を近づける体験を提供したい

ファームステッド 今後、森農園としてはどのような展開を考えていますか?

森 消費者と直接つながる機会をもっと増やしたいと思っています。いまのところはまだそうなっていないんです。契約出荷が全体の9割くらいで、直接販売はまだまだわずか。僕らも全国のお客さんのことをもっと知りたいんです。倉渕の森農園で栽培している野菜を実際どういうふうに食べて、どんな感想を持ってくれているのかまで。

ファームステッド SNSの「いいね」だけでは伝わらない共感を確かめたいということで、何か具体的な取り組みの構想はありますか?

森 ファームステイのような形で、お客さんにうちの農園に来てもらって、いろいろなことを体験してほしいと思います。たとえば、寒暖差があると野菜はおいしくなるとか、寒い冬ほど野菜が甘くなると言われますよね。でも、そういうことって実際に目で見て体で感じないと、イメージしづらいことじゃないですか。雪が積もっている冬の倉渕に来てもらって、この土地がどれだけ寒いのか、夜空の星がいかに美しいのか、そういうことを知った上で野菜を味わってもらう。

ただお客さんに野菜を売るだけではなく、将来的にはそういう畑自体を感じてもらう体験を提供するビジネスまでやりたいんです。お客さんが森農園の畑の一角を借りて自分で自分の野菜を育てられるオーナー制度のような、もっと消費者と畑の距離を近づける仕組みをつくることができるとよいですね。

7　森清和　森農園（群馬県・倉渕町）

僕ら夫婦でしか、また倉渕という土地でしかできないことをやっていきたいという気持ちが常に根底にあります。最近、妻のアイデアで、ドライ加工したケープグーズベリーの商品化も進めています。

森有理　いまでは森農園のメインの作物となっているケープグーズベリーですけど、ホオヅキは日本ではまだまだ観賞用のイメージで、食べ方がわからないというお客さんの声が一番多いんです。これから料理家の方とコラボレーションしてメニューを考案してもらって、ケープグーズベリーの料理を掲載した小さなレシピブックを出したいと思っています。

ファームステッド　最近、イタリアに出張してきたのですが、レストランでサラダを頼むと、どの店でもたいていケープグーズベリーがのっていて、トマトと同じぐらいポピュラーな野菜なんです。スイーツにも使われますし。ヨーロッパでは、これほど日常に溶け込んでいるのかと驚きました。日本でもそれぐらいの感覚でふだんの食卓に並ぶところまで、持っていきたいですよね。

ファームステッド流
デザイン&ブランディングポイント

シンボルマークに農業デザインではあまり使われない明るめのターコイズブルーを採用。「記憶に残る」イメージによって、パッケージやパンフレットなどデザインを統一したプロモーションを展開した。

MORI FARM
GUNMA KURABUCHI

8 木内博一

和郷（千葉県・香取市）

事業者プロフィール

千葉県北東部の香取市から「農業革命」を提唱する業界のリーディングカンパニー、和郷。農事組合法人の和郷園に所属する生産者を中心に全国の産地と協力して、野菜の産直販売にいちはやく取り組み、女性の社会進出や少子高齢化などライフスタイルの多様化、時代の変化に伴う消費者のニーズに応じてカット野菜、冷凍・ドライ野菜の加工も自社施設でおこなってきた。「自然型循環農業」を目指して、野菜残渣をリサイクルし液体肥料として活用、バイオマスプラントではメタンガスを生産して発電もしている。タイやシンガポールを中心にした東南アジアへの農産品の輸出や、現地での六次産業化ビジネスのコンサルティングなど海外事業も展開。近年は、地方自治体における雇用創出や地域活性化を目的とした、農園リゾート開発や植物工場ビジネスにも進出している。

代表取締役社長の木内博一さんは、香取市出身。農家の長男として生まれ、農業者大学校で農業経営学を学んだ。マーケットインの発想で製造原価を徹底的に管理し利益を上げる経営スタイルを実践。「食材製造業」という考えから販売店との直接取引ルートを開拓し、受注生産をおこなうことで野菜の価格と流通を安定させる仕組みをつくった。1996年に有限会社和郷を設立し（2005年に株式会社に組織変更）、以降アグリビジネス界において数々の革新的な取り組みを実践している。著書に『「結農（ゆいのう）」論――小さな農家が集まって70億の企業ができた』（亜紀書房）、『最強の農家のつくり方――「農業界の革命児」が語る究極の成長戦略』（PHP研究所）がある。

株式会社和郷
〒289-0424 千葉県香取市新里 1020
TEL：0478-78-5501 FAX：0478-78-5502
http://www.wagoen.com/

この30年で農業のイメージが変わってきた

ファームステッド　いま日本社会のいろいろな部分がターニングポイントにあると思うのですけど、農業と食産業について木内さんがいまどのようなことを考えていらっしゃるか、まずそこから聞かせいただけますでしょうか？

木内博一　私は農家の長男に生まれて経営を学び、平成の時代がはじまった１９８９年に実家に戻って就農するのですが、その頃に二十代の若い人たちが社会人になるというとき、「農業」という選択肢はあまりなかったんです。それから30年過ぎて、若い人たちが農業を魅力的な仕事だと考えるようになってきたというのが一番大きな変化だと思います。根本的なことを言うと、やっぱり農業は人類社会が続くかぎりなくてはならない、命をつなぐ仕事ですから。

ファームステッド　なぜそのような変化が生まれたとお考えですか？

木内　いろいろな要因があると思いますけど、我々としてやってきたことは情報発信。ファームステッドとともに取り組んだブランディングもそうですが、自分たちがやっている仕事のことや考えていることをひとりでも多くの人に伝えようと努力し続けたことで道が開けてきた、という気がします。

農業って基本的にわくわくする仕事なんですよ。雨が降ったらどうしようとか、風が吹いたらどうしようとか、水が足りなくなったらどうしようとか、人間の力ではどうにもならない自然を相手にいろいろと考えをめぐらせ、毎日が挑戦だからずっと飽きない。規模の大小はあるけど、

農事組合法人和郷園でつくられているプレミアムミニトマト

アートの作品をつくるようなクリエイティブな職業であるという点は変わらない。その魅力に、若い人が気づきはじめて引き寄せられている、ということではないかと思います。

ファームステッド　最近の農業はテクノロジーもものすごく進歩していて、イメージはだいぶ変わってきたと思います。

木内　そうなんです。農業というと、どうしてもお天道様の下で土があり野菜があるという原風景的なイメージがありますけど、それではたとえば畑に供給した肥料を作物が全部吸収しているかというと、そうではない。おそらく肥料は過剰に投与されていて、余った分はどんどん土壌に堆積して畑の土が変化するから、その変化に対応する肥料を農家が購入してさらに投入する。そこにはいろいろな無駄があるんです。

でも我々がいま取り組んでいる、最先端の技術を用いた植物工場の水耕栽培だと、肥料にしても水にしてもほぼ99%が野菜に吸収される。だからきわめて無駄が少なくて圧倒的に低コスト、そして農薬も使わないので安全・安心です。ソーラーパネルで電気を確保してLED照明を使っているから天候に左右されることもなく生産できます。見た目は工業的な施設なのですが、むしろ持続可能（サスティナブル）で環境にやさしい農業のスタイルなんです。

ファームステッド　なるほど、植物工場は「むしろ持続可能で環境にやさしい農業」だというのは、目からウロコが落ちるお話ですね。

木内　しかも、そういう閉鎖空間の中で温度や光や水や空気を全部管理できますから工場でつくった野菜は通常のものに比べると生菌数が少ないので冷蔵庫に入れなくても日持ちがするし、レタスなどは20日間くらいまったく傷みません。コンビニエンスストアでカット野菜やサラダを販売していますが、賞味期限をのばすことができるし、テクノロジーによって近年社会問題になりつつある「フードロス（食品廃棄）」がなくなるんです。

日本はこれから高齢化社会になり、野菜を食べたいという消費者ニーズがさらに生まれるはずですから、農業という産業はますます成長すると思いますよ。

マーケットのニーズに応える「食材製造業」への転換

ファームステッド　木内さんは和郷という会社で農産物の産直販売やカット野菜、冷凍・ドライ加工などの事業をおこなっているわけですが、農業分野でさまざまな先進的な取り組みをはじめ

8　木内博一　和郷（千葉県・香取市）

たきっかけは何だったのでしょうか？

木内　消費者やマーケットはどんどん変化するのに、農家は毎年毎年同じ場所でひたすら同じものをつくり続ける、それでよいのかということの業界を取り巻く環境に疑問を発見したからです。たとえば、かつて食料品はスーパーで買うものだったのが、コンビニやドラッグストアで買うものになり、カタログやインターネットの通販で買うものになるとどんどん変わってきている。こういう社会の環境変化をしっかりキャッチして、この作物をつくり続けるのがよいのか、ほかの作物に切り替えた方がよいのかと経営戦略上の「段取り」を組み直すことに時間を費やさないと農家は成長しません。

私の場合は実家に戻ってまず、市場を通さずスーパーマーケットや生協などの販売店と直接取引・契約取引をはじめて、91年には5人の仲間と産直による野菜の受注生産をはじめ、のちに和郷の前身となる農作物流通の会社を設立しました。

今日、市場に卸した大根が１００円でスーパーに並ぶとしますよね。それが翌日には70円になり、３日後には50円になる。野菜をつくるにはタネや肥料など原価がかかるのに、出荷して２日後には半値で販売されてしまうことが、あまりにも理不尽だと思いました。注文もないのにひたすら野菜をつくって、原価すら回収できないこともある。そんな旧態依然とした農家のやり方を変え、マーケットのニーズに応えて商品を供給することで、お客さんから自分たちの野菜を少しでも高く評価してもらい、価格や流通を安定させたかったんです。自分にとっての農業は、ひと言で言えば「食材製造業」なんです。製造業である以上、ヒト・モノ・カネの投資が絡むわけだ

和郷の自社施設の野菜カット工場

から、お客さんの方を見ながら常に情報収集し、効率よく作物をつくるというのが原則です。

冷蔵車や温度管理した保管場所を導入したコールドチェーン（低温流通体系）や、外食産業のサラダバー用の小分け・カット商品、冷凍やドライなど一時加工によって付加価値をつけるということにも早くから取り組んできて、そのことをブランドとしてアピールすることでマーケットを拡大してきました。お客さんからその付加価値分をリターンしてもらい利益を上げることで、地域社会に雇用を生み出すこともできるわけです。まあ、これは言葉で言うほど簡単なことではなくて、時代の流れの中にある農業や食産業の現状を読みながら経営のタネを蒔き、試行錯誤しながら次の戦略を組む、その繰り返しでここまでやってきたのですが。

ファームステッド　和郷の木内さんというと、関連会社を含めて農産加工工場や大規模植物工場、農園リゾートの「ザ・ファーム」（コテージや温泉、バーベキュー施設などを完備した滞在型複合施設。会員制の貸農園や収穫体験エリアもある）などの大がかりな事業をどんどん展開して、革新的なアグリビジネスで時代をひっぱっているという印象もあります。

「あるべき姿」というヴィジョンを持つ――ブランディングの意義

ファームステッド　先ほど「ブランドとしてアピールする」というお話が出ましたが、農産物の販売加工の事業を20年近く続けてこられて、なぜこのタイミングでロゴマークのデザインやブランディングに取り組もうと考えたのでしょうか？

木内　これまで和郷は「顔」を持たなくてもよかったんです。というのは、うちの農事組合法人が生産した農産物を、外食産業や生協やスーパーに流通させるのが主な仕事で、我々がやっているのは「B to B（企業間取引）」のビジネスだから、基本的にはお客さんのブランド以上にブランドを強化してはいけない。そういうこともあって、会社として表に出ることはあまりしてこなかった。

ただ和郷の商品、たとえば冷凍ほうれん草やカット野菜などの加工品は、まさしく社員たちがつくったものなのに、そこに共通するイメージもメッセージもないというのは、取引先や消費者へのプロモーション以前に、会社のスタッフが混乱するのではないかと。どちらかというと、うちの社員がひとつのテーマのもとに仕事をし、未来に向けて成長していくことが重要だと考えています。そのために、自分たちが何者かというアイデンティティのシンボルとなるロゴマークをつくると同時に、「Enjoy! Agri-Inovation」というコーポレート・スローガンや「たべる、つくる、つなぐ――農業を通じて、幸せを育む」という行動指針を策定しました。
　長岡さんと阿部さんが全国のいろいろな考えを持つ農業者を見ているという点が信頼できるからこそブランディングの仕事を依頼したのですが、ファームステッドが我々に提供している価値って何だろうと考えてみたんですね。ロゴマークなどをデザインすることのほかにも、動画やパンフレットなどアート的な感性で映像やコピーを編集してストーリーをつくることで、一次産業の現場の思いを第三者に伝えるための力強いメッセージに変えること。それ以上に大切なポイントは、こういうことに取り組むことで我々が自分たちの仕事や経験の意味にあらためて気づいて、さらに自分たちの「あるべき姿」というヴィジョンを持つようになることだと考えています。

ファームステッド　ありがとうございます。僕たちは農業や食産業に関わる人々がブランディングに取り組むことによって自分たちの「誇り」を見つけることこそがデザインの役割だという信念を持ってこれからも活動していきたいと思います。

ファームステッド流
デザイン&ブランディング
ポイント

新しい事業分野への進出など、あらゆる場面で使える広がりのあるカラーやイメージをベースにし、さまざまなパッケージでの使用、メディアへの露出などを考慮してシンプルかつ明快なシンボルマークをつくった。

9 真覚精一

伊豆市産業振興協議会

（静岡県・伊豆市）

事業者プロフィール

静岡県の東端から南へ50キロにわたって突き出す伊豆半島。東には相模湾、西には駿河湾が広がり、南端の石廊崎からは太平洋を望むことができる。温泉、自然、歴史的建造物と観光資源は豊富。首都圏からの週末旅行にぴったりな、関東近郊の定番観光地だ。

熱海市、伊東市、下田市などが観光地として知られるが、伊豆半島内で最大の面積を誇るのが伊豆市。人口は約3万人。沼津市や伊豆の国市、伊東市、東伊豆町、河津町、西伊豆町に囲まれるように、伊豆半島の中央部に位置している。同市は修善寺町、土肥町、天城湯ケ島町、中伊豆町の合併により、2004年に発足した。明治時代から文豪らに親しまれてきた修善寺温泉はもちろん、夏に海水浴客が押し寄せる土肥地域もリゾート地として人気で、「名水」の産地として知られる天城山もそびえている。

伊豆市の産物としては、良質な水源と豊かな自然環境を活かした山の幸・川の幸・海の幸がそれぞれに揃う。山の幸はワサビ、シイタケ、黒米、白ビワ、ウメなどが挙げられる。シカ、イノシシの食肉も山林を抱える伊豆市ならではの地の恵み。さらに川の幸は、アユ、アマゴ、ズガニ。海の幸であれば、イセエビ、干物、ところてん、岩のりなど。これらの産物から生まれた選り抜きの加工食品を贈答用として展開する地域ブランド「AMAGIFT（アマギフト）」の取り組みが、2018年より伊豆市産業振興協議会によってはじめられている。

一般社団法人伊豆市産業振興協議会
〒 410-2416 静岡県伊豆市修善寺 838 － 1 修善寺総合会館内
TEL : 0558-72-7007 FAX : 0558-72-7003
http://www.izucity-dmo.or.jp/

「水」に対する地元の誇りをブランドコンセプトに

ファームステッド　真覚精一さん、めずらしいお名前ですね。

真覚精一　はい、よく言われます（笑）。非常に変わった苗字ですが、これにはずいぶん助けられてきました。めずらしいぶん、かえって名前を覚えてもらえるんです。いまは伊豆市産業振興協議会で地域の生産者と関わる仕事をしていますが、以前は信用金庫で働いていました。私と伊豆市との関係が深くなったのは、修善寺店の支店長を務めたのがきっかけです。３年間、地域のお客さんと親しくさせていただいて、それから転勤になったのですが、引き続き同じエリアに関わることのできるサポート営業部という部署で４年間。数年後に退職したあと、伊豆市から声をかけていただきました。肩書きとしては「伊豆市産業振興協議会事務局長」になります（現在、真覚精一さんは伊豆市産業振興協議会事務局長を退職している）。

ファームステッド　真覚さんはもともと伊豆市の出身ではないのですよね。

真覚　はい、私の地元は同じ静岡県内の三島市でした。でも、母が伊豆市の出身です。半分は地元の人間、半分はよそものという感覚を持っています。土地にどっぷり浸かっているわけではないという立ち位置が、地域の産業振興という仕事にも活きているのかもしれませんね。ずっと同じところにいると、「地元のものさし」でしか物事を見られないということもありますから。

ファームステッド　ところで信用金庫にお勤めの頃から、僕らファームステッドのことを知ってくださっていたと聞きました。

真覚　伊豆市の農産物や加工品の販路拡大のサポートも信用金庫で担当していたので、関連する展示会には何回か行っていました。そこでたまたまファームステッドがデザインやブランディングをした商品や展示企画イベントを目にしていたのが、こうして一緒に仕事をするきっかけになりました。

一次産業をデザインで支援するというしっかりしたコンセプトで仕事をされていることが伝わってきて、強く印象に残っていたんです。地域の生産者や事業者の商品を見ていると、中身がよくてもパッケージの見栄えがしないためにお客さんに手に取ってもらえないものがたくさんあるんですね。そこで、長岡さんと阿部さんの著書『農業をデザインで変える』（瀬戸内人）も読み、産業振興協議会で仕事をするにあたって、ぜひ相談をしたいと思っていました。

ファームステッド　僕らは基本的に、依頼を受けた全国の生産者の方が実際に仕事をしている現場に出向いて、直接会って話を聞きながら、デザインやブランディングという手段で課題解決に取り組んでいます。でも、真覚さんたちとの取り組みの事例は少し特殊で、ひとりの生産者ではなく、伊豆市という地域全体が対象でした。

真覚　はい、伊豆市には「地域ブランド」というものがなかったんです。近隣の熱海市や三島市にはあります。たとえば熱海商工会議所では「A-plus」という熱海ブランド名産品の認定事業をおこなっていて、ソムリエでワインタレントとして活躍している田崎真也さんが中心になって選考委員会も発足しています。ポスターやパンフレットなどは統一したデザインになりました。三島市でも地域ブランドを推進するさまざまな取り組みがあります。

伊豆市にはそういうものがなかったので、市の商工会から「地域ブランド」をつくりたいという提案を受けました。ただ、まわりと比べてスタートが遅れているのだから、近隣のブランドとはちょっと違う切り口にして、差別化をしていきたいという考えは最初からありました。商工会が認定をするという形で、生産者ごとに異なるデザインの商品に「認定シール」を貼るだけ、ということではなく、伊豆市内の選りすぐりの贈答用食品のデザインそのものを統一しようという企画です。この企画はファームステッドが実際に展開している地域ブランドの構築モデルを参考にしました。

ファームステッド　そもそも、産業振興協議会発足の目的はどのようなものだったのでしょう

伊豆天城産の本ワサビを使用したわさび漬け

か？

真覚　ふたつありました。ひとつ目は伊豆市の知名度を上げて主に関東地域からの誘客を図るということ、ふたつ目は地域ブランドを立ち上げて外部に販路を広げるということ。簡単に言えば、伊豆市がどうやって「外貨」を稼ぐかという課題を解決するために設立されました。

地域ブランドに関しては、地元の運営委員会のメンバーと旅館組合、調理師会、食品衛生業界などの代表者を交えて検討を重ねました。もっとも重視した基準はもちろん商品のクオリティです。素材のおいしさ、個性豊かな味わい。基準をクリアした10軒の生産者の商品を選定して、それから統一的なブランディングのためのコンセプトの検討に入っていきました。

その段階で、天城山から流れる清らかな「水」に対する地元の誇りをブランドコンセプトにしたいという意見が強く出ました。伊豆市の天城山系は最高峰の標高が1406メートルで、年間雨量が3000ミリ以上の多雨地帯です。山に海から流れてきた雲がぶつかり、大量の雨を降らせます。雨が多く豊富な水がある、という地理的な条件で特産品になっているのが、水ワサビ。市内の筏場地区などには石畳式のワサビ田が広がり、市場出荷量が日本一なんです。水ワサビはきれいな清流があり、かつ水温が13度に保たれていないと栽培できません。伊豆市にはまさにこのような環境が存在するのですから、名水のイメージを押し出していかなければいけないと。

ファームステッド　静岡の水ワサビの伝統栽培は2018年に世界農業遺産・日本農業遺産にも認定されていますね。

真覚　おかげさまで、水ワサビの認知はさらに広がっています。雨がもたらす水という環境によってできる特産品というと、水ワサビに限らず、コメやシイタケもあります。私たちはそこにイノシシやシカのジビエ（狩猟肉）も含めています。冬が旬のイノシシの肉は味噌味で煮込んだ濃厚な牡丹鍋にすれば格別のおいしさですし、イズシカは獣害対策のために通年で捕獲されていて肉は栄養豊富でヘルシー。こうした産物からなる11の商品が出揃ったのは、2017年の夏のことでした。選ばれたのは、「ゆばかけご飯の素」「白びわ茶」「清助しいたけ」「伊豆の恵み（コシヒカリ）」「ハラペーニョピクルス・ジャム」「イズシカ肉・イノシシ肉」「天城の棚田米（コシヒカリ）」「天城の水」「わさび漬け」「あまご　黄金イクラ」「伊豆市産煎茶」です。

伊豆市の特産の水ワサビ

完成した商品をどうやって展開し、販売していくかという課題

真覚　地域ブランドの名前は「アマギフト」になりました。天城山のアマギと贈答品のギフトをつなげた造語。「伊豆」という言葉を掲げると、どうしても伊豆市ではなく伊豆半島全体のイメージになるので、それは避けたかったんです。

市外の人は、伊豆市と聞いても伊豆半島のどこにあるか特定できないと思うんです。またこの半島には、「伊豆市」と「伊豆の国市」というよく似た名前の自治体があり、極端な言い方をすれば、地元の人間でさえどこまでが伊豆市で、どこからか伊豆の国市なのか、きちんと境目を理解できていないということもあります。でも、伊豆市（と河津町）にそびえる天城山といえば、歌手の石川さゆりさんの名曲「天城越え」で多くの方が知っていますよね。この曲は、中国でもカラオケで歌われるほどポピュラーなんです（笑）。

ファームステッド　デザインとブランディングの仕事をさせてもらうことになり、僕らは「アマギフト」に参加する生産者・事業者のみなさんと毎月のようにバーベキューをしながら、ミーティングを重ねました。みなさんやはり、商品を介して伊豆市が誇る天城山と名水の価値を伝えたいと、口を揃えて言っていましたね。

真覚　ええ、だからロゴマークは意外とすんなり決まりました。天城の山の連なりを表現する3つのピーク（山頂）に、2本の水の流れを描いたライン。そこに欧文で「AMAGIFT」と「IZUSHI」と入れて、海外からのお客さんにもわかりやすいデザインになりました。

ファームステッド　「山」と「水」という共有されたイメージを的確に形に落とし込んで、さらに品質の高さを表現するためにパッケージは白を基調にシンプルなものにしているのですが、ラベルのところは各生産者・事業者の商品ごとにいろいろなカラーを使っています。リサーチのために伊豆市を訪ねてみたら、水、心地よい風、豊かな緑が揃う「日本の原風景」が息づく自然の色彩感が非常に多様で美しいと感じられたからです。

真覚　展示会などでは、ロゴマーク入りの商品やパンフレットを手に取った女性のお客さんから、「きれいですね！」と話しかけられることが多いです。「山」と「水」を組み合わせたこのデザインが、わかりやすいのだと思います。

ファームステッド　生産者・事業者の方々の反応はどうでしたか？　みなさんそれぞれの商品のイメージを統一ブランドに揃えていくという

9　真覚精一　伊豆市産業振興協議会（静岡県・伊豆市）

ことで、取りまとめが大変だったのではないかと思います。

真覚　そこは思いのほかすんなりと進んでいきました。参加者のみなさんからは、完成したロゴマークやパッケージデザインがとてもよいという感想をもらっています。それよりも、これから「アマギフト」という地域ブランドをどうやって展開し、商品を販売していくかが大変だろうなと感じています。ここは私たち産業振興協議会の責任ですから、消費者ニーズを捉えてしっかりと考えていかなければいけません。

重要なのは地域の生産者・事業者の意識が統一されること

ファームステッド　２０１８年の年始から「アマギフト」が本格的にスタートしています。現時点の課題としてはどのようなことが挙げられますか?

真覚　たとえば、セット販売のときの組み合わせですかね。商品の中に冷凍したものと乾燥したものが混ざっていますから、その組み合わせについても工夫しなければいけません。それから安定的な供給のペース。ジビエは獲れる時期と獲れない時期があり、それ以外の産物にも収穫量の波があります。年間を通して比較的安定して出荷できるのは、米くらいですかね。

セット販売用のパッケージデザインもつくりたいと考えています。商品単体として売れるものもありますけど、ほかの商品とセットにしないとなかなか売れないものもあるかもしれません。そこは慎重に考えていく必要がありそうです。今後は、食品以外の商品が地域ブランドに新たに

加わることも考えられます。

ファームステッド　「アマギフト」の商品はどのようなところで販売をしているのでしょうか？

真覚　伊豆市のスーパーや店舗からお声がけいただいています。でも市の人口は3万人ですから、やはりここのマーケットで大きな売上が期待できるわけではありません。また首都圏での販売に注力しているのですが、売上はもう一歩、伸び悩んでいる状況です。いまの段階では急いで無理に成果を上げようとするのではなく、地元のスーパーや店舗でブース展開するなど小さな試みからはじめていくのがよいのかもしれません。それから、ふるさと納税の返礼品、銀行・信用金庫の定期預金の懸賞品、農協のギフト商品に採用してもらう営業活動をおこうことも考えています。身のまわりから少しずつ認知度を高めていって、ギフト商品のマーケットや業界にアピールできるようにしたいと思っています。

「京都」のように、伊豆市の外で世界的に通用する地域ブランドをどうやって確立していけるか。デザインやブランディングのコンセプトづくりには美意識やセンス、さらにそれを裏打ちする地域の歴史や文学に対する踏み込んだ知識が必要です。生産者・事業者もそうですが、行政や私たちなどサポートする側がそういう発想を持つことってなかなかないんです。

ファームステッド　一般的に地域ブランディングというと、統一的なロゴマークをつくって、商品パッケージのデザインを揃えることと考えられがちです。それはたしかに大事なこと。でも、僕らがそれ以上に重要だと考えているのは、地域の生産者・事業者の意識が統一されることなんです。真覚さんがおっしゃるように、まずは地元の歴史や土地のことを知り、みなさんが誇りに思うことができる共通のイメージやことば、つまり「旗印」を見つけて掲げること。「アマギフト」のデザインやブランディングの取り組みが、そのための最初の一歩になることを願っています。

ファームステッド流
デザイン＆ブランディングポイント

地域の共通の誇りを象徴するシンボルマークをつくる一方で、多様な商品一つひとつの個性をひきたてるために、あえて白を基調としたパッケージデザインを採用した。

AMA
GIFT
IZUSHI

10 福池信次

T's table（徳島県・鳴門市）

事業者プロフィール

四国東部の徳島県といえば、阿波踊り。約400年の歴史を持つ伝統芸能であり、毎年100万人を超える観光客が徳島市に大挙して押し寄せる夏の風物詩として知られる。四国山地、紀伊水道、吉野川など豊かな自然に恵まれ、観光地としては鳴門海峡の渦潮や祖谷渓谷が有名だ。また、徳島はかつて「関西の台所」と呼ばれたほど、農畜産業が盛んな土地でもある。阿波尾鶏は抜群の肉質と食感で知られ、地鶏としては日本一の生産量を誇る。「鳴門わかめ」「なると金時」など地域ブランドの作物があり、そして特産のスダチは全国シェアの9割を占める。

そんな徳島自慢の山の幸、海の幸の素材のおいしさを届けるのが「T's table（ティーズテーブル）」だ。運営しているのは鳴門市のコンピューターソフトウェア会社、ロジックシステム。地方のIT関連企業が手がける食のブランドは、異色の事例だといえる。代表の福池信次さんは、「徳島の恵みを食卓に」という地元愛にあふれるコンセプトを出発点に、4種のプレミアムドレッシングの商品化に成功。「ティーズテーブル」の「徳島すだちビネグレット」は、スダチを果肉や皮まで丸ごと使い、清々しく爽やかな風味のソースに仕上げ、ピリ辛の青唐辛子入りもラインナップに加えた。特産を活かした「鳴門茎わかめドレッシング」「鳴門金時ディップ」などの商品もあり、いずれも着色料や甘味料や保存料を使わず一つひとつ手づくりをしている。

生産量は決して多くはないが、手間暇をかけて加工した徳島の一次産業発の逸品を、自社のオンラインショップや県内の観光施設、百貨店の催事などで販売し、ギフトセットの展開やレシピの情報発信もおこなっている。

T's table / ロジックシステム株式会社
〒772-0012 徳島県鳴門市撫養町小桑島字前浜 261
TEL：088-683-0177 FAX：088-685-9198
https://tstable.jp/

デザインを用いた情報発信や売り方のスタイルが定まっていなかった

ファームステッド　プレミアムドレッシングブランド「ティーズテーブル」を手がけている福池信次さんですが、本業は農業でも食品加工業でもないのですよね。

福池信次　はい、コンピューターのソフトウェア会社を経営しています。業務用アプリケーションを開発したり、システムのリフォームを請け負ったり、オリジナルシステムを開発したり。1996年に鳴門市で創業しました。

ファームステッド　地域の一次産業の特産品を、IT関連会社の社長がブランド化して販売するというのは、全国的にもめずらしいケースかもしれませんね。

福池　そうだと思います。徳島という地元に対する愛着がまずあり、「これはおいしい」と自慢したい農産物の素材をまるごと活かしきった商品展開をしようとスタートしました。

徳島の地方経済はやはり厳しい状況にあるんです。近年は人口減少が著しく、高齢化率の高さは全国でも上位。そうなると当然、農業など一次産業にも深刻な影響が及び、この20年間で就業者数は半分以下に減少したと言われています。後継者不在による耕作放棄地も増えています。地元の経営者としてそうした課題をなんとか打開したいと考えました。

ファームステッド　2016年に福池さんがファームステッドにデザインやブランディングの相談をしてくれたときは、すでに商品はあったわけですよね。

福池　「すだちのまんま」という商品名でドレッシングが完成していました。地元のデザイナー

にパッケージやラベルなどもつくってもらっていて。ドレッシングの中身には絶対的な手応えがあったのですが、販路開拓や商品の伝え方に関しては疑問や迷いがあったんです。いま考えれば、やはり自分たちは農業生産者ではないこともあって、情報発信のスタイルが定まっていなかったということですね。

もうひとつ課題であると思っていたのが、売り方のスタイル。素材にこだわり手づくりをしているので、どうしても原価がかかってしまいます。そのためには販売価格を上げたいのですが、徳島だと家庭用のドレッシングは600円どころか500円でも「高い」と言われて実際にあまり売れません。そういうこともあったので東京や大阪など県外の大都市圏に販路を開拓して、しっかりと利益が出る価格を設定したいと考えていました。そのタイミングでファームステッドの講演を聞いて、惹かれるものがあったので話を聞いてもらうことにしたんです。

ファームステッド　商品を片手に現れた福池さんとの最初の出会いは、僕らもよく覚えています。自分は農家ではないというのですけど、鳴門わかめ、なると金時、スダチなど徳島のおいしいものを伝えたいという思いは農家より強いかもしれない。福池さんには生産者ではない立場だからこそできることがあると思って、一緒に再ブランディングに取り組むことになりました。

地方の特産品に洗練された高級感を求める層に向けて

ファームステッド　ブランド名は「徳島の恵みを食卓に」というコンセプトで「ティーズテーブル」に。Tはもちろん徳島の頭文字。ロゴマークは欧文のアルファベットのみを使ってシンプルにしたところで差別化を狙いました。じつは地方のお土産の中で、ドレッシングってそれほどめずらしい商品ではないんです。賞味期限を長くすることができて、ボトル入りの加工食品なので商品として扱いやすいので。

福池　そうかもしれませんね。実際に食べてもらえれば、違いをわかってもらえるとは思うのですが……。

ファームステッド　そうなんです。僕らも最初に福池さんのドレッシングを食べたときに、商品の見た目はいかにもありがちなのに、スダチの風味がきわめて洗練されていてびっくりしました。ワカメの食感も体験したことがない贅沢なもの。地方の特産品に、単純な田舎っぽさではなく

T's table

て洗練された高級感を求めるお客さんの層をターゲットに、ブランディングをやり直したわけです。

現在「ティーズテーブル」の商品は、どのように販売や展開をしているのですか?

福池　オンラインショップを中心に販売しています。価格は以前の「すだちのまんま」よりも上げて、4種類とも800円台に。ドレッシングの商品名は「すだちのまんま」から「徳島すだちビネグレット」に変更しました。

ビネグレットというのは、サラダにかける冷たいソース状のドレッシングのことです。東京の展示会で試食をした方から、「フレンチみたいにおしゃれな味だね」と言ってもらったことがありました。パッケージデザインについても、「まるで化粧品のボトルのように美しい」と言われることもあり、評判がよいです。容器に関してもコストだけを考えて適当なものを選ぶのではなく、味のクオリティに見合うきちんとしたものを選ぶよう考え方をあらためました。

ファームステッド　想定していた県外への販路の広がりについてはいかがでしょうか？

福池　東京の百貨店の催事やギフトショーに参加していますが、そこはまだまだですね。逆にいま、徳島県内のほうで少しずつお客さんがつくようになりました。試食などで反応をもらえる販売の現場に立ちたいという気持ちがあるので地元のマルシェに積極的に出店しますし、県内の文化施設やホテルでの観光客向けの売上が上昇しています。これからは県内外にかかわらず「食」をテーマにした感度の高いセレクトショップや専門店などの取引先を増やしていくことが課題だと考えています。自分たちのドレッシングづくりの姿勢に共感してもらえる環境で販売していきたいというのが基本です。

ファームステッド　ギフトセットの展開もはじめましたよね。

福池　はい、専用のギフトボックス、ラッピング用の包装紙や熨斗をデザインして4400円のセットをオンラインショップで販売しています。うちの全4商品を味わうことができて、ディップは2個入り。これがなかなか好評で、「OMOTENASHI　SELECTION　2017年度特別賞」や「ふるさと名品オブ・ザ・イヤー部門賞」に選んでいただきました。

OEMによる徳島発の地域ブランディング・プロジェクト

ファームステッド　ほかにも今後の計画がありましたら聞かせてください。

「徳島すだちビネグレット」「鳴門茎わかめドレッシング」「鳴門金時ディップ」の詰め合わせギフトセット

福池　OEM（original equipment manufacturer　相手先ブランド名製造）というものがありますが、同じ徳島でこだわりの素材を使ってつくられている商品を「ティーズテーブル」というブランド名で販売しようという計画があります。具体的に話を進めているのが2社。単価を下げているために、そこそこの数量が売れていても利益の面で厳しいというケースが少なくない。そこで、地域ブランディングのプロジェクトをやってみたいんです。

　うちの商品はドレッシングやディップだけで、調味料しかありません。お客さんやバイヤーからよい反応をもらえることがたしかに増えたのですが、調味料以外の食品はないのかと聞かれることもあります。せっかく農畜産物に恵まれている徳島なので、それを活かした商品とセットで売り出したいと考えるようになりました。自社だけでなく、地域のために何かやりたくなったんです。

ファームステッド　ブランドを立ち上げてロゴマークを掲げたことで、さらに地域社会のために貢献したいというマインドの変化があったということですね。

福池　ええ、ゆくゆくは社名を「ティーズテーブル」に変更することも考えています。あるいは「ティーズテーブル」部門で別会社を立ち上げる。このブランド名やロゴマークは、いまや私自身の誇りになっているといえます。

ファームステッド　福池さんはバイタリティにあふれて、思いもすごく熱い。まったくの異業種から食の業界に新規参入して、チャレンジ精神を持って事業に取り組んでいますから。生産者は作物をつくるだけで手一杯ですし、経営的・金銭的な問題もあって、なかなかデザインやブランディングまで気が回らない。「ティーズテーブル」の事例は、一次産業を中心にした地方再生のビジネスモデルのひとつになると思います。

福池　ファームステッドとの取り組みも2019年で4年目になります。うちは小規模な会社なので人材も限られますし、社内にデザインやブランディングを理解できる者はいません。もちろん、外部に仕事を依頼するとなるとそれなりのお金がかかるのですが、その金額で専門のスタッフを雇ったと思えば安いくらいかもしれません。それに社内でデザイナーを雇うと、力関係から

経営者の考えを押しつけてしまうことがよくあるでしょう（笑）。それに自分たちだけで考えようとするとどうしても軸がぶれてしまうときがあるんです。外部との協業はよいことだと思います。

そういえば、価格を下げた地元用の商品を、パッケージを変え展開しようとファームステッドに相談して反対されたことがありましたよね。

ファームステッド　一度それをやってしまうと、全体的なブランディングが崩れてしまいますよ、と伝えたように思います。

福池　本質を突くその言葉で踏みとどまることができました。やっぱり事業を続けていると成長をしないといけないと経営的に焦りを感じて、甘い情報に食いついたりすることがあるんです。そこで小手先の考えであれをやってみよう、これをやってみようと思うことがあるのですが、そこにきちんと歯止めをかけ、原点に立ち返らせるのもブランドの意味なんですよね。

ファームステッド　パッケージデザインやロゴマークが完成したらデザイン会社との関係は終わると思っている生産者や事業者の方々がたくさんいます。でも、僕らはアフターケア的なコンサルティングをちゃんとやりたいという考えで事業をおこなっていて、生産者や事業者が経営的に独り立ちするまでは、時間をかけてともにブランドをつくり、育てていきたい。むしろ、みなさんとの関係はここからはじまると考えています。

ファームステッド流
デザイン&ブランディング
ポイント

商品のイメージやストーリーをゼロから考え、ブランドのリニューアルを提案。マーケティングに基づいて商品クオリティの印象を高めるボトルやギフトボックスのパッケージを採用した。

11 堀口大輔

TEAET／和香園

（鹿児島県・志布志市）

生産者プロフィール

19世紀の江戸時代、島津藩の頃よりお茶の栽培が奨励されていた歴史を持つ鹿児島県。現在でもお茶の生産量は静岡県に次いで国内第2位、そのシェアは全国の2割にものぼる。県内では、大隅半島の志布志市と薩摩半島の南九州市が一大生産地。いずれも豊かな自然に恵まれた平坦な土地が広がり、火山噴出物からなる鹿児島特有のシラス台地からきれいな水が湧き、おいしいお茶栽培に理想的な風土だといえる。

和香園の歴史を振り返ると、現会長の堀口泰久さんによって、1948年、現在の志布志市有明町でお茶の製造をおこなう堀口製茶が創業。さらに1989年には鹿児島堀口製茶、および販売をおこなう和香園がそれぞれ会社化された。土づくりから苗植え、茶園管理、製造・販売までを一貫して自社で実施する取り組みにより、日本政策金融公庫農林水産事業（旧農林漁業金融公庫）の「アグリフードEXPO輝く経営大賞」など数々の賞を受賞。独自の害虫駆除・雑草駆除の技術により、化学農薬の使用を極力抑え、茶園への除草剤散布はゼロにするなど環境に配慮する取り組みにも積極的だ。直営農場120ヘクタール、契約農場150ヘクタール。さらには日本一の緑茶工場まで建設している。「深蒸し茶」を中心に商品開発やブランド化を進め、実店舗や創作茶膳レストランも展開している。

現在は3代目の堀口大輔さんも代表取締役を務め、若年・女性層の新しい市場を切り開くために、「お茶×健康」をコンセプトにした新ブランド「TEAET（ティーエット）」をスタートさせた。

TEAET / 株式会社和香園
〒899-7503 鹿児島県志布志市有明町蓬原 758
TEL：099-475-1023 FAX：099-475-1517
https://www.wakohen.co.jp/teaet/

日本人のお茶離れに対する危機感から新商品のブランディングへ

ファームステッド　堀口大輔さんがお父様の泰久さんから、お茶の販売をおこなう和香園、製造をおこなう鹿児島堀口製茶の両方の代表権を引き継いだのは２０１８年。遡って家業を継ぐために鹿児島へＵターンしたのが２０１０年ということですが、それまではどのような仕事をしていたのですか？

堀口大輔　明治大学の経営学部を卒業して、緑茶で有名な大手飲料メーカーに就職しました。４年で退職したのですが、その期間の３分の２は宮崎県の都城市とオーストラリアのビクトリア州で産地指導をおこなっていました。

ファームステッド　地方の農家に生まれ育った後継者の中には、地元から外に出たことがないという人も少なくないと思います。でも、堀口さんは鹿児島から東京の大学に進学して就職したり、出張先に長期滞在したり、県外や海外での経験をかなり積んでいます。そうやって外の世界を知った上で家業を継ぐ決心をしたのだと思いますが、低迷するお茶業界に対する問題意識は当然あったと思います。農家の高齢化、後継者の不足などが要因で、全国の茶園面積はここ４年間の平均で約８００ヘクタールも減少していると言われています。

堀口　日本人のお茶離れに対する危機感はありました。ひと昔前と比べたら、家庭でお茶を飲むというシチュエーション自体がだいぶ減っていると思います。若い世代になると急須を持っていないというケースもめずらしくない。消費者のお茶離れ、あるいはコーヒーや紅茶、ジュース、

おいしい水、日常の中で多様な飲料を楽しみたいという欲求は、10年以上前からかなり高まっているんです。

ファームステッド　堀口さんは東京のような大都市でも暮らしていたので、時代の流れのようなものをいち早く感じ取ることができたのでしょうね。

堀口　ええ、日本社会でお茶と消費者の接点が減っていく中で、「売る」ということにもっと力を注いでいかないと、時代に追いつけなくなると思っていました。さいわい、うちは昔から和香園と鹿児島堀口製茶の2社で畑から製造・販売までの六次産業化を実現した恵まれた体制でやっています。鹿児島の実家に戻ってからまずお茶をつくる仕事をメインに3、4年経験を積んで、それから販売の仕事を本格的にはじめました。

ファームステッド　僕らが最初に堀口さんからブランディングの相談の依頼を受けたのは2014年。販売の方でいよいよ何かをスタートしたい、というタイミングでしたね。日本政策金融公庫の担当者からの紹介でしたが、僕らの拠点は北海道の帯広、鹿児島とずいぶん離れているので躊躇しませんでしたか？

堀口　北海道からと聞いてびっくりしましたけど、不安はありませんでした。僕自身、東京に住んだり宮崎、オーストラリアに滞在して仕事をしていたこともあって、ビジネスにおいて外部、よそからの視点を持つことの重要性は実感していたので。それにわざわざ鹿児島まで来て、和香園や鹿児島堀口製茶の見学やヒアリングをするということだったので、うちの事業をきちんと理解してもらえるだろうと逆に安心しました。

ファームステッド　恥ずかしながら、堀口さんと出会うまで鹿児島がお茶の名産地であることを知らなかったんです。実際に訪ねて広大な茶畑の風景に驚きましたし、にもかかわらず鹿児島のお茶の認知度が低いことが課題だと思いました。だからこそそのよさを世間に伝えるために、定期的に現地へ通って、生産者のことを勉強することがとても重要だと考えました。

従来の和風の世界観から離れるためにデザインで差別化を

堀口　ちょうど、新ブランド「ティーエット」の立ち上げに向け試行錯誤していた時期に、デザインやブランディングに関して密接なコミュニケーションをおこなうことができたのがよかった

TEAET

です。「ティーエット」では、急須を持たない若い世代を対象に、マグカップでも手軽に味わえるようにティーバッグ、ドリップやパウダーの緑茶商品を開発したところでした。

ファームステッド　「お茶×健康」をコンセプトにした「ティーエット」は、お茶のTEAとダイエットのDIETを掛け合わせた造語で、ロゴとしてはEのかたちが反転して左右対称的になっています。これは和香園で制作していて、僕らはシンボルマークとブランド全体のパッケージ、ギフトセットのボックスや紙袋など統一的なデザインを担当しました。

堀口　一芯二葉の新茶の葉のイラストが入っていてわかりやすいですし、色は白地に黒というスタイリッシュであるところが気に入りました。お茶のパッケージって決まりきったものしかなくて、カラーは渋い緑や茶や紫、筆文字で漢字の会社名や商品名が書かれたものばかり。違いは容器が缶なのか袋なのかくらいしかなくて、百貨店やスーパー、土産物屋の店頭で他社商品と並んでいる

11　堀口大輔　TEAET／和香園（鹿児島県・志布志市）

と埋もれてしまうんです。だから、デザインで差別化していきたいと思っていました。

ファームステッド　「ティーエット」はブランド名が欧文スペルであるところからも、従来の和風のお茶の世界観からいかに離れることができるかを重視しました。ティーバッグ、ドリップ、パウダーと3種類のパッケージに関して、一見するとお茶とはまったく思えない気品のあるデザインを選択して、「これはなんだろう?」と興味を持ってもらえるようにしたんです。

堀口　典型的な冠婚葬祭の引き出物を想像してもらえるとわかりやすいのですが、昔ながらのお茶の商品イメージに慣れ親しんでいる人には、王道と違うデザインはダメだとも言われました。でも、そこが僕の狙いだったんです。

ファームステッド　実際に、お客さんからの反応はいかがでしたか?

堀口　正式発売の半年前、２０１５年の夏にある展示会に試作品を出したんです。そうしたらバイヤーのみなさんが続々と足を止めて、手に取ってくれました。特にパウダータイプのパッケージは、「化粧品や石鹸が入っているみたい」「モダンでおしゃれな印象」という感想をもらいました。手で触るところからおもしろがってくれて、そこからお茶を試飲していただくと味についても高い評価を得ることができてありがたかったです。

現在、「ティーエット」の商品を販売しているのは鹿児島県内で8店舗ある和香園のショップのうち2店舗です。ほかにも雑貨店や食品店、エステ関係の会社では、うちの深蒸し茶と国産のオーガニックローズをあわせた「フレーバーグリーンティー」が顧客プレゼント用に採用されました。

11　堀口大輔　TEAET／和香園（鹿児島県・志布志市）

今後は社内外のコミュニケーションを深めることが重要に

ファームステッド　新たな販路を開拓しつつある「ティーエット」というブランドに関して、堀口さんは今後どのような展望を描いていますか？

堀口　最終的には急須で淹れるお茶の普及にもつなげていきたいと思っています。新ブランドではティーバッグやドリップやパウダーを展開していますが、「ティーエット」の商品と出会うことで昔ながらのお茶のよさに気づいてもらえるケースもあると思いますし、相乗効果が生まれるような流れを起こしていきたいです。そのためにもいまは、既存の売り先ではないお店を介して新しいお客さんを開拓していきたいと考えていて、営業に力を入れている段階です。たとえば、東京の吉祥寺にある居酒屋では、「新茶祭り」のイベントもおこなったりしてます。お茶とお酒などの掛け合わせで、これまでにない客層の広がりが生まれるように感じています。

ファームステッド　既存の枠組みにとらわれないアクションを起こしはじめて、堀口さんも生き生きとしているように見えます。

堀口　はい、「ティーエット」のシンボルマークが完成した影響は、自分自身にとってすごく大きいように感じています。誰よりもこのあらたに誕生したブランドの頭のところからお尻まですべて見ていますから。自分としてもモチベーションが上がって、積極的に行動できるようになったというのは大いにありますよ。仕事をしていて、楽しいんです。

一番の効果としては、お客さんや取引先から派生して人間関係がどんどん広がって濃くなって

いることです。仕事は何といっても人と人のつながり、コミュニケーションに尽きるので、そこを拾い漏らさないよう大切にしていきたい。目の前の仕事に忙殺されているとつい新しい可能性を見過ごしてしまうので、会社全体で余裕を持って業務をおこなうことができる状況をつくりたいと考えています。

ファームステッド　創業から数えれば70年もの歴史がある老舗のお茶農園ですよね。そうした伝統ある会社の中で、「ティーエット」のブランド化の取り組みに対する社内の理解をどのように得ていったんですか？

堀口　もちろん、最初から歓迎してもらえたわけではありません。月日を追うごとに、役員から製造や販売のスタッフ、総務や経理のスタッフまで会社全体の理解が深まっていったと感じています。しかし売上の結果が上がらなければ、なかなか伝わらない部分もありますから、従来の商品との棲み分けを明確にして新しい販路で少しずつ実績を積み重ねて、展示会でのバイヤーの反応などを営業担当者から直接報告してもらいながら、このブランドの価値や意義を社内に浸透させていきました。

ファームステッド　農業デザインの取り組みに関して生産者の方々から話を聞くと、身近な人たちへの説得をどうするかが大きな課題になっていると思います。

堀口　うちもそうだったのですが自社の商品が売れない状況に限界を感じていると、どうしても後ろ向きの思考回路になってしまうんです。そうすると経営者や現場の考えは、価格やコストを下げて原価プラスアルファ程度の儲けがあればよい、となりがちです。

もちろん、価格やコストを下げる取り組みも大事なのですが、一方でブランディングに取り組んでシンボルマークを掲げることで、自分たちが一生懸命つくっているお茶の付加価値を見出して、自信を持って価格も決めていこうと前向きな気持ちになりました。そしてお客さんからよい反応をもらったり、売上の結果が出るにつれて、僕も含めて会社全体のモチベーションが上がり、さまざまな企画も前へ前へと進んでいくようになりました。

スタッフそれぞれの立ち位置を尊重しつつ、押しすぎずに引きすぎずに、皆で同じ方向を向いてお茶の製造と販売という事業を進められるように、社外でもそうですが、社内でもていねいにコミュニケーションを深めていくことがとても重要になるだろうと思います。

ファームステッド流
デザイン&ブランディング
ポイント

旧来の日本茶の商品イメージを刷新し、セレクトショップやホテルなど新しい販路に対応するために気品あるシンボルマークと新しいパッケージをデザインした。

TEAET

12 小田哲也

みやぎ農園（沖縄県・南城市）

生産者プロフィール

森の腐葉土のような鶏フンを堆肥化させた鶏舎の床で、微生物や発酵飼料を活用し、薬剤や消毒に頼らない平飼いのニワトリから産まれた卵。その朝採れ卵を農場から直送し、ひとつの瓶に2・5個ぶんもの黄身を使用したマヨネーズ。ソーセージやハムといった加工肉製品や、有用微生物を土づくりに活用し栽培した野菜の販売。さらには、国内外での農業支援による人づくり、産地づくりまで。「毎日の暮らしにおいしさと幸せを」をモットーにこうした事業を展開するのが、沖縄のみやぎ農園だ。

みやぎ農園の歴史は1980年、現会長の宮城盛彦さんが兄のもとでケージ飼いの養鶏場を開いたことからはじまる。それから8年後に平飼い養鶏をスタートさせ、2000年には自社の卵を用いたマヨネーズの商品化にも成功。沖縄本島南部の南城市で、健康的な環境で育てられるニワトリから生まれた卵や余計な調味料を加えないマヨネーズは、安心・安全で濃厚な味わいと評判に。こだわりのマヨネーズはテレビ番組にも取り上げられるようになり、出荷のたびに売り切れ必至の人気ブランド商品となった。

2008年にみやぎ農園は法人化し、2017年からは娘婿の小田哲也さんが2代目の社長に就任した。小田さんは千葉大学の園芸学部で学び、大学院にも進んで植物の研究の道へ。それからドイツへ渡って農業研修を受け、帰国後にみやぎ農園の一員となった。沖縄という土地だからこそできることにこだわりつつ、海外経験を活かして、ブータンへの技術移転、台湾へのマヨネーズ輸出などの事業にも取り組んでいる。

株式会社みやぎ農園
〒901-1203 沖縄県南城市大里字大城 2193 番地
TEL：098-946-7646 FAX：098-946-7764
https://www.miyaginouen.com/

ばらばらだった商品群のデザインやコピーを統一のイメージにしたい

ファームステッド　小田哲也さんはみやぎ農園の2代目社長、沖縄県外の出身ということですね。

小田哲也　そうなんです。高校を卒業するまでは滋賀で生まれ育ちました。沖縄に移住したのは、たまたま妻がみやぎ農園の現会長の娘だったからです。

ファームステッド　奥様との出会いがみやぎ農園との出会いでもあったと。

小田　はい、大学院を出た後に国際農業者交流協会の制度を利用して1年間の海外農業研修を受けたのですが、妻はそのときの同期でした。私がドイツで、妻はスイス。お互いに励まし合ううちに仲よくなり、帰国のタイミングも一緒だったので、私が沖縄に来てやがて結婚して、という流れです。

　ドイツはグループで成り立つコミュニティ型の農場運営のスタイルが多かったので、とても勉強になりました。アメリカのような超大規模農場は日本で真似できませんし、スイスだと家族経営の小規模農家ばかりで。私の研修先はスタッフが50人くらいいる農場でしたが、かれらとの触れ合いもかけがいのない経験になりました。ドイツ国内はもちろん、ヨーロッパの東西から人が集まるので、言語やバックグラウンドは当然ばらばら。言葉が通じない中でコミュニケーションを取ろうと必死に努力しました。なんといっても農業はひとりでできるものではなく、周囲と関わりながらやっていくものです。「人づくりも産地づくりも違いを認めることから」「人も作物も他者との関係性のなかで育つ」というのはみやぎ農園でも大切にしているテーマなので、あの1

年の経験はいまも本当に役立っています。

ファームステッド　一方で、奥様はみやぎ農園を継ぐことが決まっていて研修に参加したのですよね。

小田　そうです。もっとも、会長のやり方をそのまま踏襲するのではなく、新しいことを学びたいと当時は意気込んでいたようです。結局、スイスで勉強してみたら、家業の農園経営のすばらしさを再認識したそうですが（笑）。私の場合は、園芸作物が専門で畜産の経験はなかったのですが、まさにみやぎ農園はコミュニティ型の農場運営を実践していたので帰国して働いてみようと思いました。沖縄に移住したのは２０１０年のことです。目指すところに共感できたので、養鶏でもなんでもやってみようと思いました。

ファームステッド　平飼いの養鶏というのがみやぎ農園の一番の特徴だと思います。ケージを積み上げてニワトリを飼うのではなく、ニワトリを地面に放して、自由に動き回らせて飼う飼育法。鳥の生態や習性に合わせた環境で、よく運動するのでより健康的に育つと言われます。ニワトリはいま何羽いるんですか？

小田　1万羽を超えるくらいです。私たちみやぎ農園は小規模の養鶏業者なんです。手間を惜しまずちゃんとニワトリたちの面倒を見ることのできる範囲でやっていこうと意識しています。全国的に見ると、現代の養鶏業は10万、20万羽、大手だと100万、200万羽というスケールになります。だから、卵を加工することで無駄をなくし、付加価値をつけるためにマヨネーズを手づくりするようになりました。

ファームステッド　マヨネーズは日持ちがしますからね。

小田　ええ。卵は毎日生まれるものなので、たとえばお店が休みの正月やお盆には余ってしまうんです。在庫を抱えて賞味期限が迫ると、廃棄しなければならない。それがマヨネーズに加工すれば賞味期限が1年間になるということで、2年の試作期間をかけて「うまい」という味を極め、卵感あふれるマヨネーズを完成させました。

ファームステッド　このマヨネーズがテレビ番組で究極のマヨネーズとして取り上げられて、爆発的に人気が出たんですよね。

小田　それが2015年のことでした。番組に出演したマヨネーズマニアの方が紹介してくれた

12　小田哲也　みやぎ農園（沖縄県・南城市）

んです。それまでは月に1、2回、製造するだけだったのが、放送直後は毎日つくっても足りなくなるぐらい。いまは落ち着きましたが、それでも週2、3回の製造ペースでやっています。県内ではスーパーや土産物店、県外にも問屋を介して店に卸していて、自社ウェブサイトで通販もしています。

ファームステッド　僕らの前著『農業をデザインで変える』（瀬戸内人）を読んだ小田さんから連絡をもらって、はじめて会ったのが２０１７年。テレビなどメディアでの紹介という追い風も受けて事業は順風満帆だったと思いますが、どうして依頼しようと思ったのですか？

小田　みやぎ農園では卵を約30年、マヨネーズを約20年、沖縄野菜を約10年にわたって販売しています。それぞれの商品化に10年のタイムラグがあってそのつどデザインやコピーを制作してきたので、パッケージとかラベルとか商品説明のことばが、同じ会社のものとは思えないくらい全然違ったものになっていたんです。売り先もスーパー、ホテル、飲食店とばらばらで、一貫性を出すのが簡単ではありませんでした。しかし先ほども述べたように、うちは大量生産をして安く広く売ることを目的としていないので、やはりお客さんにはほかとは違うみやぎ農園の商品とわかった上で買ってもらえるように、統一的なブランドイメージをつくりたかったんです。

社内で意見を出しあう中で農園の方針を整理する機会に

ファームステッド　マヨネーズというヒット商品を持ち、野菜の販売もおこなっているのです

が、みやぎ農園の原点はやっぱり卵。事業の全体を象徴するロゴマークをつくるにあたっては、原点にある卵のイメージをうまく活かしたいと思いました。4つの卵のイメージを用いて、みやぎ農園のみなさんと僕たちで考えた、農園のコンセプトとなる4つの柱を表現することにしました。

小田　ええ、4つの柱のひとつ目は何よりもまず「品質」、生産から製造、販売まで徹底して手間ひまかけておこなうということです。ふたつ目が真面目に真摯に熱意を持つという「実直」、3つ目が生産者、消費者、地域との関係性をあらわす「支え合う」。そして4つ目が、地域の自然とそこでつくり、働き、食べる人間皆が愛情を感じられるような「思いやり」。これを上手く表現していただいたと思いますが、カラーもよいですね。

ファームステッド　実際にみやぎ農園の鶏舎

12　小田哲也　みやぎ農園（沖縄県・南城市）

を見学しに行ったときに、ニワトリが地面にいっぱいいる様子が強く印象に残っていたんです。さらにお話を聞けば、堆肥化した床では微生物を大事にしていて、しかも有用微生物を培養して地元の農家に提供し、野菜づくりに活かしている。ニワトリが歩き回り、緑の植物が芽生える「大地」がベースにありますから、土の色を基調にしました。

小田　卵のパッケージデザインは30年くらい変わっていなかったので、以前のものに馴染んできたお店やお客さんにいかに説明するかは、きちんと考えなければいけないと思いました。ていねいに説明していくことが一番大事なことで、ネガティブな反応を少しでも減らすよう努めました。

自分たちにとっては、会社の方針をしっかり整理する機会になったことがよかったです。ロゴマークを決めるにあたり、プロジェクトを立ち上げ、そのメンバーの中で、「これからのみやぎ農園はどうあるべきか」ということに関していろいろと意見を出し合って、取りまとめていく過程で、統一的なコンセプトやイメージを共有することができました。以前は、社内に会長が話していることをまとめた文書があるだけで、それはある意味で一方通行的な個人の思いや意欲だったんですね。創業時は少なかった従業員もいまでは22名まで増えているので、その思いや意欲が現場のスタッフたち全員に伝わっていなければ意味がありません。ロゴマークの作成は、会社の方針を整理して形にするだけでなく、スタッフたちにそれをきちんと理解してもらうきっかけになったと思います。現実的な売上につなげていくのは、これからです。

ファームステッド　いわゆるＣＩ（コーポレート・アイデンティティ）、自分たちが何者でありどんな価値をお客さんに伝えていくのか、ということをみやぎ農園で確認し共有できたところが大きかっ

みやぎ農園の手づくりマヨネーズ

たということですね。ところで全国の生産者と話していると、デザインやブランディングに興味はあっても経済的な理由で躊躇してしまう人が多いようです。小田さんの場合はいかがでしたか?

小田　うちもお金の工面には悩みました。結果的に沖縄県の補助金が下りることになり、ファームステッドに仕事を依頼することができました。商品を改良したり、農産物を使った加工品をつくったりすることに補助金が出る部門があるので、そこに申請しました。活用することのできるいろいろな制度や情報があるので、やはり常にアンテナを張って時間をかけて調べることが重要だと思います。

持続可能で循環型の農業へ
——人づくり、産地づくりの一環としてのブータンの農業支援

ファームステッド　みやぎ農園の新しい「旗印」を掲げることになりましたが、これから展開しようという事業計画はありますか？

小田　いま取り組みはじめていることとしてはブータンの農業支援で、養鶏の技術を移転しようというプロジェクトです。

ファームステッド　海外への技術移転、それもブータンですか！　インドと中国の狭間でGDP（国内総生産）ではなくGNH（国民総幸福量）を掲げた、「幸福の国」として注目を集めていますよね。

小田　ええ、物質的に満たされることではなく、人々が幸福を感じることを指標にするという国づくりのコンセプトが、「毎日の暮らしにおいしさと幸せを」というみやぎ農園の考え方と近いと思いました。ブータンは2020年までに自国の農産物をすべて有機栽培にするという目標を掲げています。養鶏もすべて平飼いにして卵の生産力を上げるという計画です。ただ、技術的なところでいえば、まだまだ改善の余地はありそうなので、そこで私たちが販売面も含めて何か力になることができればよいなと思っています。すでにブータンの農林省畜産局の方が沖縄まで視察に来てくれました。JICA（国際協力機構）の草の根支援事業を使ってうちのスタッフも渡航して、現地で具体的なサポートをしていく段階です。

これまで卵、マヨネーズ、野菜、と農産物や加工品の販売をしてきましたが、ゆくゆくはうち

の技術の移転や普及に関わるビジネスもしていきたいです。そこはまだもう少し先にあるステップになると思いますが。

ファームステッド　みやぎ農園には地域づくりの視点がもともとありましたよね。ブータンでの取り組みもそれに基づいているのだと思います。

小田　はい、おいしいものをつくることだけでなく、人づくりや産地づくりも重要な事業のひとつだと考えています。地元の農家が経済的に安定して暮らしていけるようにするための勉強会を開いたり、かれらから野菜を買い取って「みやぎ農園ブランド」として販売したり。養鶏農家として製造販売をするだけでない役割を担っているところがうちのユニークなところかもしれません。沖縄でもブータンでも農業が1代限りではなく2代、3代と持続可能なものになり、地域社会が経済的にも環境的にも有機的に循環していく事業のあり方をともに考えようという姿勢を守っていきたいと思います。

ファームステッド流
デザイン&ブランディング
ポイント

沖縄の物産によくみられるイメージから離れたデザインを心がけながら、CI計画を進める過程で社内の意思統一を図ることをもっとも重視した。

特別インタビュー1

伊東豊雄

（建築家）

語り手プロフィール

伊東豊雄　建築家

１９４１年生まれ。１９６５年東京大学工学部建築学科卒業。菊竹清訓建築設計事務所勤務を経て１９７１年に独立し、アーバンロボット（のちに伊東豊雄建築設計事務所に改称）を設立。せんだいメディアテークや台中国家歌劇院などの公共建築作品で世界的に知られる。これまでに村野藤吾賞、日本建築学会賞、プリツカー建築賞、ヴェネチア・ビエンナーレ金獅子賞、イギリス王立英国建築家協会ロイヤルゴールドメダルなど受賞多数。

２０１１年の東日本大震災後、仮設住宅などにおいて住民のコミュニティスペースをつくる「みんなの家」プロジェクトを立ち上げる。また「伊東建築塾」を設立し、これからの建築やまちづくりのあり方を考える場としてさまざまな活動を展開中。愛媛県今治市の大三島に伊東豊雄建築ミュージアムが開館したことをきっかけに、島で地域の人々や建築塾塾生とともに地域活性化に取り組む「大三島ライフスタイル研究所」を主宰している。

著書に『伊東豊雄　21世紀の建築をめざして』（エクスナレッジ）、『「建築」で日本を変える』（集英社新書）、『建築の大転換　増補版』（中沢新一と共著、ちくま文庫）など多数。

特別インタビュー1　伊東豊雄

東日本大震災後、地方にある人の暮らしを見つめるように

ファームステッド　ファームステッドという会社は、長岡と阿部が代表を務めているのですが、ふたりとも北海道十勝の帯広市の出身です。本社は帯広市にあって、長岡はそこに住んでいます。僕たちは、農業をはじめとする一次産業、それから地域社会をデザイン・ブランディングするということをミッションとして掲げています。「デザイン」というとどうしても都会寄りの業種だと思われがちなのですが、僕たちは「地方にこそデザインが必要である」という考えを持っていて、日本全国で仕事をしています。

さて、建築家の伊東豊雄先生は世界的に活躍されて、「せんだいメディアテーク」など大型の公共建築の仕事を数多く手がけていらっしゃいます。その一方で、現在は愛媛県の大三島に通って、地元のローカル・コミュニティと関わりながら、これからの暮らしのあり方を構想し実験しようという「大三島ライフスタイル研究所」の活動もされています。どういうきっかけがあってこのようなプロジェクトをはじめたのか、教えていただけますか?

伊東豊雄　大きくふたつの理由があります。ひとつの理由は、2005年の暮れに台湾のオペラハウス（台中国家歌劇院）のコンペティションで勝ち、建築設計をおこなったこと。途中、もう絶対にダメだという苦しい時期が何度もあったのですが、奇跡的に11年後の2016年にオープンすることができました。大げさに言うと、そこであらゆる力を使い果たしたというか、僕らの事務所の全エネルギーを注いだので、それまで自分が構想してきた建築のあり方はこれで一回整理

がついた気がしたのです。その頃たまたま体調を崩して3か月ばかり入院することもあって、人生を見つめ直す機会になりました。

もうひとつは、2011年の3月11日に東日本大震災が起こったこと。それまで、僕に限らずほとんどの建築家は当たり前のように「都市」に顔を向けて建築を考えてきたのですね。基本的には都市で何かをつくり、都市の何かを変えるということです。ところが3・11以降、テレビの画面を通じて町が津波にのみ込まれる映像を見たりすると、「自分たちがやってきたことはいったい何だったんだろう」という思いが強く込み上げてきました。建築家として当然ながら建物を建てることで生きてきたのですが、家屋も町並みもあっという間に失われてしまう様子をただ呆然と眺めていることしかできない。自分が拠って立つ精神的な基盤がぐらぐら揺さぶられる気持ちになりました。

それから東北の被災地に通うようになって、それまで自分があまり関わってこなかった農業や漁業をやっている人々と会話をするようになりました。都会の人間にはない力強さ、たくましさを持つかれらと語り合ううちに、町の再建というと大げさですが、何か建築家としてサポートできることがあるかもしれないと思いはじめて。そして、被災地で家や仕事を失った人々が生活を回復する拠点となる施設をつくろうと「みんなの家」のプロジェクトを立ち上げました。ところが、町の住民や自治体の職員とは話が盛り上がるのですが、復興支援策や予算化をおこなう国や県と交渉するのはなかなか難しい。かれらはどの町の復興計画も同じものでないと困ると言うわけです。つまり巨大な防潮堤を築いて、土地をかさ上げして、あるいは町ごと高台に移転して、ということで、それ以外のプロジェクトに予算は下りない。敗北感に苛まれました。

一方で同じ2011年、愛媛県の今治市に伊東豊雄建築ミュージアムが開館したことがきっかけで瀬戸内海の大三島に月1回のペースで通うようになりました。そこで東北の被災地も直面している地域活性化の問題、特に農業など一次産業の問題、もっと大きく言えば「われわれは明日どのような暮らしをするべきか」というテーマについて考えはじめたのです。

ファームステッド　東日本大震災を契機に、建築家として地方にある人の暮らしを見つめるようになったということですね。

伊東　そうなんです。東北の復興計画って、いま東京でやられている再開発とまったく同じだと思いました。最近の渋谷周辺は駅のほうからすごい勢いで超高層の建物が建っています。もう何十年も渋谷にオフィスを構えていて、けっこう多様な特徴があっておもしろい街だと思ってきたのですが、高層ビルばかりの景観によって地域の持つ歴史性が消えていってしまう。高層化するということは、土のある自然からますます人間が切り離されることですよね。しかも10階でも50階でも、南側でも北側でも空調などを管理して同じ環境をつくるという発想ですから。

そして東北の被災地では画一的に巨大な防潮堤を築いて、土地のかさ上げをすることで、どこも同じような均質な街の表情に変わってしまう。そういうものはいま僕が考える建築とは真逆なのです。

建築の仕事と地域のまちづくり、農業との関わり

ファームステッド　伊東先生の建築をいろいろと見せていただいて、有機的で流線的な形が多く、「しなやかさ」として表現される美的感覚に特徴があるのではないかと思っています。こうしたこれまでの建築の仕事の中で培ってきた美的感覚やクリエイティビティは、大三島という離島と呼ばれる地域の活性化や、地方で農業をやっている人たちとの共同作業とどのように関わっているのでしょうか？

伊東　直接的に関わっているのかどうかはわかりませんが、いままでやってきた建築の仕事に関しては、単純に言えば自然の持っている秩序に建築を近づけたいという考えはもともとありました。森の中みたいに木がランダムに立っていると、そこには壁がないから人は自由に歩き回れて、今日はこのへんにいようかとか、昨日はこっちにいたなとか、自然界では自分の場所を動物的・感覚的に選ぶことができるわけですよね。そういう建築が好きなんです。すべてが壁で仕切られて、今日はこの部屋に入っていなさい、と建築に決められるのは不自由だと思ってきました。

世の中のほとんどの建築は、碁盤目状のいわゆるグリッド、90度で交差する立体格子でできています。特に都市ではそれが極端になってますが、自然界に90度で交差するものはまずない。これほど自然から遠く離れた環境でわれわれは生活している。自然と建築は違うのだから自然界の中に人間だけが考えた幾何学的な場所をつくることをすばらしいと考える人もいるのでしょうが、僕はそうではなくて建築の中にいても、風が吹いて川が流れる野原にいるのと同じような、

できるだけ人間がリラックスした気持ちでいられるような場所をつくりたいと思ってきました。
その一例として、「伊東豊雄――新しいリアル」という展覧会をやったときに3つの展示室のうちひとつの部屋だけ、曲面で構成された波のようにうねる床をつくったんです。その部屋に入ったとたんに子どもたちは走り出したり寝転がったりして、大人たちも腰をおろして長い時間をすごす。そんな単純なことで、人は自然に回帰したような気持ちになるんですよね。
ただそうは言いながらも僕らがつくってきたいわゆるモダニズム建築は人工的なものなので、スイッチひとつで空調が整うようにしなければならないとか、断熱性を高くしなければならないとか、ソーラーパネルを設置しなければならないとか、公共の仕事になるとほとんど必ず画一的なことを要求される。そういう自然を管理するテクノロジーが、「省エネ」と評価されるわけです。でも大三島に通いながら、もう少し建築の技術を高層ビルではなくて日本の昔ながらの農家を建てるような方向に変えていけるのではないか。障子があって、縁側があって、内と外、自然と人間をつなげるようなインターフェースを幾重にも折りたたんだ建築をつくった方が、結果的に環境によいのではと思っていて、そういうことにもいますごく興味があるんです。

ファームステッド　せんだいメディアテークを訪れたときに、まるで森の中を歩いているかのような印象を僕も受けました。建築をより自然に近づけていこうという発想は、地域活性化にその土地の環境をどう活かすかという点でも有効なのでしょうね。

伊東　そうかもしれません。都会で自然とつながろうとしてもおのずと限界がありますが、地方に行ったら土の地面が露わになっている場所ばかりですから。そういうところで建築を考えることは、未来のライフスタイルを考えることにまっすぐつながっていると思います。

現代の都市計画なんかを見ていると、人間は技術によって自然をコントロールできる、征服できると思い込んでいる節があるじゃないですか。僕はその思想は根本的に間違っている気がします。人間は自然の一部分であり、その自然には恐ろしいところもある。昔の日本やアジアで共有されていた自然への畏敬の念を取り戻しつつ、それと共生しながら暮らしていく、そこから現代の建築やまちづくりを組み直していくことが求められていると思いますね。

ファームステッド　僕たちは農業デザインを中心に活動していますが、大三島では伊東先生も一次産業の生産者と交流してワイナリーをつくっていると聞きました。農業に対する考え方を聞かせてください。

伊東　繰り返しになりますが、現代という時代は人間が自然から切り離されていますよね。高層ビルの中に住んでいると、外が寒いのか暑いのかもわからない。晴れているのか雨が降っているのか、天気すらもわからないような状況。

やっぱり人間というのは土や風や水に触れて暮らすのが本来の姿なのではないでしょうか。農業や漁業などに従事する人口は減る一方で苦労ばかりが多い仕事だと思われていますが、そういう意味でも一次産業に取り組むことは素晴らしいことだと思っています。

僕も戦後、長野県にある諏訪湖のほとりの田舎で育ち、土の上を裸足で駆け回るような少年時代をすごしました。本当に物がなくて、家の庭で育ったカボチャばかりを食べる日々も経験しました。動物的な感覚で自然を身近に感じて生きてきたことが、いま建築やまちづくりを考えるのにものすごく役立っているように感じています。
「大三島みんなのワイナリー」では、2015年からブドウの苗木を植えはじめて、赤ワインの「島紅」を3種、白ワインの「島白」を4種、生産しています。しかし、農業は本当に予測どおりになりませんね。最近もブドウを栽培していて、やっとワインに必要な量を収穫できそうな段階までいった途端に、スズメバチに食べられてしまったんです。イノシシにやられたこともあります。こうした想定外のことが起こるたび、僕ら都会の建築家の仕事はなんて楽なんだろうと思いますよ（笑）。

自然とつながり、経済がすべてではないという考え方が社会を変える

ファームステッド　大三島の地域社会と関わるなかで、苦労されたこともあったと思いますが、いかがですか？

伊東　大三島の人口は6000人弱で、そのうちの半分が65歳以上の人たちなんです。全国平均の2倍近くにもなる高齢化率。そうすると僕らが新しいことをはじめようとしても、ずっと島に住んできたお年寄りは関わろうとしてくれません。「わしらは十分に幸せ、あんたらがここで何かしてくれなくても別にいいんだよ」と言うわけです。
しかし、このままでは島はすぐに限界集落になります。僕らも決して観光開発をしたいわけではなくて、若い人が移住してきて農業や一次産業に関わる人が増えて、みんなでこれからどんな

暮らしをするのが理想的なのか、そういうことを考えられる場所をつくりたいと考えています。

自分が関わるプロジェクトでは、大三島でも「みんなの家」をつくりました。大山祇神社という立派な神社の参道がいまは寂れてしまったのですが、そこにある旧法務局の空き家を借りて、カフェバー兼イベントスペースに改修しました。そのほかにも廃校になった小学校を宿泊施設「大三島憩の家」として活用しています。今治市の地方創生関係交付金がもらえたので、去年2018年の秋に島の高校生や島内外のボランティア、職人さんが一緒になって建物の雨漏りや湿気による傷みを直して、かなりよい温かみのある宿に生まれ変わりました。そこで提供する料理に島の野菜や食材を使うなどして、上手に運営していってほしいと思います。

最近は、高校を卒業して島に移住してブドウ畑を手伝ってくれる若者も現れました。昔と違って、都会を出て地方に移住をして仕事をしたい、自然豊かな田舎で子育てをしたいという傾向は20代や30代の若い世代を中心に強くなっていると思います。そういう意味でも、いまファームステッドがデザインによって農業や一次産業や地方のイメージを新しいものに変えようと取り組んでいることには、すごく意義があると思いますよ。

ファームステッド　僕らの親は農業をやめていましたが、おじいちゃんもおばあちゃんも北海道・十勝の開拓農家。高校の同級生にも農家が半分くらいいます。10代前半までの生活環境って、やはり一生に影響しますよね。僕らにとってはなんといっても農業が原風景としてあるので、デザインやブランディングの仕事にもそれを活かしたいと考えました。
現代日本で農業は厳しい産業であることに変わりはないのですが、みずから育てた自慢の農作物の価値をいかに知ってもらい、届けることができるかという地方の生産者からの相談は年々増えているんです。世の中に物も情報もあふれている時代なので、単においしければ売れるとか、安心・安全であれば売れるとかの先を考えなければならない段階なのだろうと思います。

伊東　ファームステッドのおふたりが北海道の十勝出身というのが強みですよね、時代を先取りしていると思います。十勝は開放的な広大な土地で農業も盛んで、豊富な食材に恵まれています。そこをひとつの拠点に活動しているというのは、うらやましく感じてしまいます。田舎暮らしを知らない都会育ちの人が農業をデザインするといっても、説得力がありませんからね。

ファームステッド　「大三島ライフスタイル研究所」の活動は現時点では道半ばだと思いますが、日本社会で地域活性化の活動をしていくにはこれからどんなことが大事になってくるとお考えですか?

伊東　まちづくりとか地域づくりと言うと、経済をどうするのか、どうすれば儲けられるのかということばかり考えがちじゃないですか。ファームステッドの考え方も同じだと思いますが、経済は目的ではなくて手段、それよりも僕らの暮らし、ライフスタイルの行方を見定めることのほうが大事です。あきらめずに続けていけば、やがて世の中もそういう方向へ向かっていくと信じています。

近現代の社会の原則は、3つのシンプルな言葉で要約されます。「より早く」「より遠くへ」「より合理的に」。これはつまり資本主義の社会を指しているのですが、こういう考え方はもう飽和状態になってしまっているんですよ。だから、これからは「よりゆっくり」「より近くへ」「より寛容に」にシフトしていく、ということをある経済学者が言っています。
僕は、この「よりゆっくり」「より近くへ」「より寛容に」という原則がけっこう信じられるような気がするんです。要するに、資本主義はみずからの経済活動のために地球の隅々まで広がっていって、スピードや効率を競い合うようにして、搾取する人とされる人の関係を次から次につくりながら成り立ってきたけど、もう限界を迎えてしまった。だから次の時代には、その反対方向に人間の心は向かっていくはずだ、と。
まさにそのとおりじゃないですか。さきほど言ったような、自然とのつながりを求めて都会を出て地方に移住をしたいと願う若い人々が増えていることがそれを体現しているし、新しい文化になって現れるそういう動きを受け入れる場所が増えれば、社会は大きく変わるのではないでしょうか。

ファームステッド　なるほど、自然とつながること、経済がすべてではないこと。深く共感できる重要なメッセージです。

伊東　やっぱり、農業の意義を、世の中の人々がもっと見直すべきなんですよ。時代遅れどころか、農業こそが時代の一番先を行っているのだと。いまの元気のない日本社会を救うのは一次産業しかない、とそれくらいの自信を生産者の方にもってもらえるとよいですね。
もうひとつつけ加えると、農業は楽しいとみなさんに思ってもらいたい。僕らが大三島でブドウを栽培してワイナリーをつくったのも、こんな場所でも一歩一歩地道な実験をつづけることでワインができるんだ、よりよい未来が近づいてくるんだという喜びが、島の人々や生産者の幸せ

「大三島みんなの家」で毎月開催している参道プチマーケット　写真提供：伊東建築塾

につながると思ったからです。そして土や風や水と日々接する仕事は本当に幸せなのだということを、どうやったら生産者以外の多くの方に伝えることができるかということも僕なりに考えています。農業体験として参加者に野菜を育てて収穫してもらって、こんなにおいしい野菜を自分でつくることができるんだと知ってもらうことで、農業は楽しいということを体感してもらうのもひとつの方法だと思います。

もちろん、地域活性化の仕事が実を結ぶのには時間がかかると思います。僕自身もゆくゆくは、1年の半分は東京で、半分は大三島で、と二拠点で生活したいなと思っています。たまには瀬戸内海を眺めながら物事を考えたほうが、建築家としてもよいアイデアが浮かぶような気がしていて。じつはもう自宅を建てる土地を購入しているんです。抜群に眺めのよい場所なのですけど、建築家であるにもかかわらず、ほかのいろいろな仕事で手一杯で自分の家を建てることまで手が回っていません（笑）。

日本の交通網はどんどん発達していて、移動のコストも下がってきているので、二者択一ではなくて都会と地方を往復する生活は挑戦してみる価値があると思います。

特別インタビュー2

石坂典子（石坂産業）

語り手プロフィール

石坂典子　石坂産業株式会社代表取締役社長

1972年東京都生れ。米国に短期留学後、父親が埼玉県三芳町で創業した産業廃棄物中間処理業をおこなう石坂産業に入社。埼玉県所沢市周辺の農作物がダイオキシンで汚染されていると報道されたことを機に、「私が会社を変える」と父親に直談判し、2002年社長に就任。焼却炉を廃止して全天候型の資源再生プラントを導入、ＩＳＯを取得するなど「自然と地域と共生する企業」を目指す経営を実践し、世界中から見学者が訪れる先進的な環境配慮型企業に同社を変革させた。また地域の里山保全再生にも取り組み、日本生態系協会のＪＨＥＰ（ハビタット評価認証制度）最高ランクＡＡＡを取得。日経ＷＯＭＡＮの「ウーマン・オブ・ザ・イヤー2016・情熱経営者賞」ほか受賞多数。著書に『どんなマイナスもプラスにできる未来教室』（ＰＨＰ研究所）、『五感経営──産廃会社の娘、逆転を語る』（日経ＢＰ社）、『絶体絶命でも世界一愛される会社に変える！──2代目女性社長の号泣戦記』（ダイヤモンド社）。

2016年に「環境から農業を考える」をテーマにしたグローバル基準のオーガニック農園「石坂オーガニックファーム」を設立した。

特別インタビュー2　石坂典子

廃棄物を扱う会社がオーガニック農園をはじめた理由

ファームステッド　石坂典子さんが代表を務める石坂産業は、埼玉県三芳町で産業廃棄物の中間処理などを事業としておこないながら、廃棄物処理事業を資源再生によるエネルギー供給産業へ転換させ、地域社会になくてはならない企業になることを目標にしています。そして「石坂オーガニックファーム」も立ち上げ、農業分野の事業にもチャレンジしています。農業をはじめたきっかけについて教えていただけますか？

石坂典子　石坂オーガニックファームは、世界レベルの基準をクリアし、この地域の風土に適した固有種野菜を約100種栽培している農園です。子どもたちが素手で触れられるよう農薬や化学肥料は一切使用せず、土づくり、種から苗を育て露地栽培にこだわるなど、手間暇かけた野菜づくりをやっています。

なぜ農園をはじめたのか。私は廃棄物を扱う会社として地域社会や自然環境に貢献したいという気持ちをずっと抱いていました。自分たちの仕事ってじつは農業の本来のあり方と同じ「地産地消」のビジネスです。地元の建築廃材などのゴミが持ち込まれ、それを分別してリサイクル処理して資材として再生し、ふたたび使ってもらうという流れがありますから。しかし、地域住民にあまり好まれる仕事ではありません。世の中には「ゴミ」というだけで嫌がる人がまだたくさんいます。

同業者を見ると、自然環境に配慮している姿勢を示すために海外で植樹活動をするケースが多いのです。しかし国内、しかもこの地元で選択肢はないのかな、と。そういう思いでいろいろな可能性を探っているタイミングで、会社周辺の雑木林で不法投棄の問題が起きました。私たちはゴミの片付けをボランティアとして引き受けていたのですが、いくらきれいに掃除しても不法投棄が繰り返されてしまう。これは根本から何かを変えていかないと永遠に解決できない、と考えるようになりました。

そこでまずリサーチしたのが、三芳町という土地の歴史です。そもそもこのあたりで「森」と呼ばれる雑木林がいったい何のために存在するのか、そういうところから調べようと思い、町の歴史民俗資料館を訪ねたり、文献を調べたり。そうするうちに、もともとそこは農業用の雑木林だったことを知りました。

いまから320年ほど前、江戸時代に川越藩によって現在の埼玉県三芳町上富から所沢市中富・下富が開墾されて、このあたりは「三富新田」と呼ばれていました。その水源を取るために植林事業がおこなわれたのです。落葉樹を植えると落ち葉が堆肥になり、地下水脈を引き上げてくれる。「森」を利用するのは、自然のサイクルと共生する伝統的な農法だといえます。

ところが、近年この地域では農業をやめて都会勤めを選ぶ人が後を絶たず、放置される農地も増えてきました。周辺の雑木林も手入れされることがなくなり、荒廃して汚い状態だったので、不法投棄の格好の場所になっていました。そこで会社として「森」を含む里山の整備に手を挙げたことが、石坂オーガニックファームをはじめるきっかけになりました。

「環境教育」というテーマを掲げて農業生産をおこなう

ファームステッド　なるほど、野菜づくりをやるのではなく、まずは地域にある里山の環境保全から、石坂オーガニックファームは出発したということですね。

石坂　そうなんです。秋になると林の中に葉っぱがたくさん落ちるじゃないですか。それを堆肥にすると良い土ができるんですよ。それを近所の農家さんに譲ろうとしたら、「そんなものはいらない」と断られてしまって（笑）。受け取りに行くのが手間だし、いまはもっと便利な化学肥料もある、と。農業用の雑木林の価値が失われてしまったのには、そのような理由もあるんです。

なぜ里山で生まれたオーガニックな堆肥を使ってもらえないのだろう、雑木林を含むこの地域や自然の価値を見直さないといけないのでは。とそんなことを考えているうちに気づいたのが、環境教育の重要性でした。「環境から見た農業」という発想でファーム・アカデミーを立ち上げ、畑のガイドツアーや農業体験、採れたての野菜を味わう食農育プログラムを実施しています。従来の野菜をつくって売るという農業のあり方を超えて、社会における一次産業の新しい価値づくりを目指そうという考えからです。

食べることは暮らしの原点じゃないですか。だから、農作物からはじめる環境教育はわかりやすい。単に収穫体験に来てもらうのではなくて、作付けから収穫までの半年くらいかけて地域の歴史や文化、自然や固有種のことを学ぶ。何よりも自分たちが作付けした野菜が成長する楽しみと、時間をかけて農作物を育てるという感覚を理解してほしくて、この活動を続けています。

ファームステッド　「教育」という発想で農業生産をおこなう取り組みは、全国的に見て非常に先進的だと思います。

石坂　そもそも廃棄物処理の機械の原理はすべて、農業機械に由来しているんです。お米の風力選別機を巨大化・重量化したもので、ゴミの分別をしています。そういうことを、環境教育を通じて子どもたちに伝えていくことで、農産物をつくることも廃棄物を処理することも人間の営みとしてつながり合っている、という想像力をこれからの社会に生み出すきっかけにもなると思っています。

ブランディングを通じて「地域」への意識が変わる

ファームステッド　石坂さんと僕らファームステッドが出会ったのは約3年前の2016年。石坂オーガニックファームの立ち上げの段階だったのですが、その頃「どうやったら農業に対する自分たちの想いを伝えることができるのか」という相談を受けました。なぜ早い段階から、いわゆるブランディングにも取り組もうと思ったのですか？

石坂　それはやはり、世間でネガティブな印象を受けやすい廃棄物を取り扱う仕事をしているからです。自分たちから発信して見た目やイメージを変えたかったんです。

この点は、農業も似ていますよね。近隣の農家さんからは、息子たちや娘たちがこの仕事をやりたがらない、という声をよく聞きます。だから、いままでの農業のイメージをデザインで変えることがこれからは極めて重要になるだろう、と自分なりに予想していたのですね。そんなときに知人に声をかけてもらって参加したあるミーティングで、まさにこの点を仕事にしているファームステッドの長岡さんと出会ったものですから、その場ですぐ声をかけました。

ファームステッド　僕らは農業をはじめとする一次産業をデザインで活性化するというミッションを掲げているのですが、この点に関して石坂さんのご意見も聞かせてください。

石坂　デザインの仕事を農業や一次産業の分野に絞った勇気がすごいと思いますよね。どんな分野の仕事もやりますというデザイン会社だってめずらしくありませんから。だからファームステッドのように強いこだわりを持つ会社に、自分たちのこだわりを形にしてもらうことが必要だと感じました。

石坂オーガニックファームで働くスタッフたちが全員で共有できるシンボルがほしかったんです。何のために自分たちの会社が存在して、何のために事業に取り組んでいるのか。周囲の理解が得られない逆境にあるときも、本当に守るべきものは何か。こうした心構えを目に見える形にすることは絶対的に重要だと私は考えています。そこでデザインのためのプロジェクトチームを社内で発足して、1年近く時間をかけてファームステッドのおふたりと話し合いながら、ロゴマークのデザインをつくり上げました。

最終的には、私たちがこだわる土と、その上に落ちる葉っぱの堆肥、そこから育つ野菜を組み合わせ、スタイリッシュに表現したものになりましたね。これはいわば石坂オーガニックファームの「家紋」で、スタッフのプライドを支えるシンボル。ロゴマークは仕事へのモチベーション

を高めることにもつながると思います。

ファームステッド　僕らもロゴやシンボルマークは生産者の家紋ということをよく言っているので、そうおっしゃってもらえるとうれしいです。実際にロゴマークができあがって、石坂さんの中で何か変化はありましたか?

石坂　ブランディングの考え方についてしっかり学ぶことで、地域社会への意識が大きく広がりました。石坂オーガニックファームのことだけでなく三芳町全体の農業の付加価値について考えるようになり、地元で農薬や化学肥料を使わずに栽培されたオーガニック野菜を「三富野菜」としてブランド化して世界に広めていこうと。現在、石坂オーガニックファームでは旬の固有種野菜を使ってパウンドケーキなどの商品を開発したり、著名なシェフを招いてスタジオで料理を出したり、キッチンカーで移動販売をしたり、さまざまな取り組みをしています。

三芳町には14代も続く歴史のある農家さんもいますし、里山の落ち葉堆肥を活用する伝統農法を世界農業遺産に登録することに挑戦する方もいます。こういう意欲的な農家の方々のほかにもマーケットのオーナーやレストランのシェフのみなさんとどうやったらいっしょに協働できるのか、最近はそんなことばかりに考えをめぐらせています。石坂オーガニックファームの活動はもはや「自分ごと」では収まらなくなってしまいました（笑）。

ファームステッド　この本のタイトルにもある「農と食と地域」、まさにこれがテーマになっているのですね。

石坂　そうです。ただこれまでのやり方では、農という仕事はもう立ち行かなくなるだろうと予測しています。それもあって、じつは社内では農業という言葉は極力使わず、「ファームビジネス」と呼ぶようにしています。生産から加工、商品化や販売まですべてひっくるめてビジネス化しないといけません。いまの時代、もう自分たちの狭い考え方だけで物事を見る時代ではありません。農家さんだけがんばっていても、結局は行き詰ってしまうでしょう。一生懸命こだわりのオーガニック野菜を育てても、それを使用するマーケットやレストランや消費者の意識が変わらなければ、食べてもらうことができません。石坂オーガニックファームでも、農業体験や食農育の活動を通じて「Farm to Table」（農場から食卓へ）、つまり地産地消の大切さを伝えていきたいと考えているのですが、まだまだ世の中に浸透しているとは言えません。

とはいえ最近は全国各地で若手の生産者を中心にした新しい試みも見られます。ファームレストランやファームカフェ、ファーマーズ・マーケットやマルシェなど。先日、山形の農家さんたちのもとへ勉強しに行ったのですが、すごく刺激をもらいました。山形のお米はおいしいんです。つや姫、はえぬき、雪若丸などブランド米も有名。でも、典型的な豪雪地帯じゃないですか。そ

特別インタビュー2　石坂典子

んな土地でおいしいお米を育てるためにどんな苦労をしているのかなと思ったら、雪のおかげで土が傷まないそうなんです。おまけに温度も一定に保たれるため、土中で微生物が活発に働き、春には力を蓄えた土となります。

こういうことを学ぶと、やっぱりどんな土地にもその風土でしかできないことがあって、真似することなんてできないんですよね。だから石坂オーガニックファームの事業も、「三富新田」というこの土地を知り尽くして、活かしきるようなビジネスに仕立てていかなければいけないとあらためて気づかされました。

社会の根本的なところを正す「ファームビジネス」とは

ファームステッド 最後に石坂さんがファームビジネスに関していま考えていること、今後の展望についてもお聞かせください。

石坂 一次産業は国の力、人間のいのちを支える分野です。だからこそ、「教育」という視点からあきらめずに声を上げていかないと、と思っています。

石坂産業は「自然と美しく生きる Be Green」というコーポレートスローガンを掲げていて、それに続くサブテーマが「つぎの暮らしをつくる」です。そしてこのふたつを実現するための私たちの手段が「自然と共生する技術」、つまり廃棄物処理ではないリサイクル化率100％を目指す資源再生の技術なんです。これってまさに農業と同じじゃないですか。

「自然と共生する技術」の根っこにはフェアであること、エシカル（倫理的）であることという価値観がなければならないと思います。ところが、最近の社会では、こういう行動規範が見失われているような気がするんですね。天候に左右されて自分の思い通りにならない苦労の中で野菜を育てる畑仕事の大変さを知らなすぎるから、という気がします。それだから自然やまわりの人に感謝することのない、経済性や効率性ばかり重視される社会になっているのかな、と。野菜のおいしさ、花の美しさも含めて、農業を通した環境教育をおこなうなうことで、そうした気づきを大人から子どもにまで提供していきたい。そして将来的には、こうした価値観を廃棄物の処理に対する理解にもつなげていけたらと思います。

「持続可能な循環型社会」と言葉にすることは簡単ですが、農業然り、地域活性化然り、この社会の根本的なところを正していかないと実現できません。私たちが石坂オーガニックファームの事業をなど環境教育活動をはじめて5年目になります。でも、まだまだ道半ばです。バリ島の学校「グリーンスクール」やイギリスの研究機関「代替技術センター」など世界の環境教育の現場を視察に行くと、地域社会や研究機関との連携がかなり進んでいて、「日本は遅れているな」と痛感させられます。世界的に持続可能な開発のための教育の重要性が叫ばれているにもかかわらず、日本の環境教育等促進法で「体験の機会の場」として認定されているのは石坂産業も含めてまだ17件です（2019年11月現在）。民間企業1社ががんばっても限界があります。地元の農家さんだったり、市町村だったり、大学などの専門研究機関と連携して、掛け算の活動をすることがこれからますます重要になるのだろうと思っています。

写真提供：石坂オーガニックファーム

そのような環境教育活動の一環として、いま私たちはベジタブルスクールを立ち上げようと動いています。提携農家の畑はお互いに離れているので、見学のためにあちらこちらと歩き回るのは大変です。ひとつの施設の中でこの地域で栽培されているオーガニック野菜が全種類、見られるようになれば、花がどのように咲くのか、土から抜いたら根っこがどうなっているのかというところまで細かく伝えることができます。

農と食と地域、そしてデザインとリサイクル業と環境教育。これからのファームビジネスは、従来の農業に関わってこなかったさまざまなタイプの人々が想像力を駆使し、びっくりするような組み合わせによって新しい形へと変わっていくはずです。だからこそ、面白いわくわくする事業だと私は思います。

あとがき

平日は飛行機に乗って全国各地の一次産業に関わる人々のもとを訪ね、週末に北海道十勝に戻ります。今年２０１９年の夏、十勝では気温35度を超える猛暑となりましたが、11月に入ると雪もちらつきはじめ、冬の便りが届きはじめます。

夏と冬、四季折々の自然の美しさと厳しさ。農業に欠かせない1年の季節の移り変わりを肌で感じながら、さわやかな秋の青空が広がる十勝の自宅でこのあとがきを書いています。

旗を立てる生産者たち。農と食と地域の抱える課題を解決するべく、デザインやブランディングに取り組む方々と出会うたびに、その前向きなエネルギーに圧倒されます。デザインという「旗印」にどのような理念を込めて、どんな価値をいかに伝えていくのか。時間をかけて一緒に考え、話し合いながら関わりを深めるほど、みなさんがものづくりに込めた思いと、その産品のおいしさ、感動と共感を人々に直接届ける場を開きたいと考えるようになりました。

僕たちファームステッドがおすすめしたい全国のこだわりの食材を使った料理を紹介し、ときにはつくり手と交流するイベントも開催し、お客さんが生産現場の知られざるストーリーに耳を傾けるようなライブ感あふれる情報発信基地を――。

そんな思いから、２０１９年5月、僕たちは東京都内に一軒のお店をオープンしました。関係する農家のみなさんと一緒に設立したローカルデザインダイナー「ファームステッドテーブル」

です。

そこは、単なるレストランではありません。ファームステッドテーブルが提供するのは、料理だけではなく、つくる人と食べる人とが食材にこめられた思いを共有することで、訪れたお客さんが消費者ではなく「ファン」になり、農と食と地域をめぐる新しいライフスタイルの形を皆で創造するような体験です。

店内には各地の産品を実際に手に取り、購入できるプチマルシェコーナーを設置。日本の農業をリードする生産者を紹介し、新商品のPRをおこなうファーマーズトークライブ、食材の新しい用い方を提案するメニュー開発、そのほかにもバイヤーを招いての交流会やファームツアーを企画しています。通常のデザイン・ブランディングカンパニーの事業内容を大きく超えた、僕たちのチャレンジはつきません。

日本全国の農と食と地域を支える仕事に励む人々と築いてきた関係性こそが、僕たちの財産です。チャレンジの原動力となった、「農業デザイン」「地域振興デザイン」に挑戦する、本書で紹介した生産者たちのみなさんに心から感謝申し上げます。

僕たちファームステッドの道なき道を行く「開拓」は、これからも続きます。

２０１９年11月　長岡淳一
阿部　岳

筆者・長岡（右）、阿部（左）

長岡淳一 Nagaoka Junichi

クリエイティブディレクター、株式会社ファームステッド代表取締役。1976年、北海道帯広市生まれ。専修大学経済学部経済学科卒。大学卒業までスピードスケートの選手として活躍し、世界各国を遠征。現役引退後、地元へUターン。2002年、帯広市で有限会社フレーバーを設立し、新世代の農業ウェアを提案するプロジェクトなどを推進する。2013年、阿部岳とともに株式会社ファームステッドを設立。グッドデザイン賞受賞ほか受賞歴多数。共著に『農業をデザインで変える』(瀬戸内人)。

阿部岳 Abe Gaku

アートディレクター、株式会社ファームステッド代表取締役。1965年、北海道帯広市生まれ。武蔵野美術短期大学グラフィックデザイン学科卒。東京都内のデザイン事務所勤務の後、1996年に有限会社ガクデザインを設立。企業のＣＩ計画、商品ブランドの構築やパッケージデザインなどを中心に活動する。2013年、長岡淳一とともに株式会社ファームステッドを設立。グッドデザイン賞受賞ほか受賞歴多数。共著に『農業をデザインで変える』(瀬戸内人)。

株式会社 ファームステッド

日本全国の農業をはじめとした一次産業を活性化することを目標に掲げるデザイン・ブランディングカンパニー。農家のロゴ・シンボルマークや地方産品の六次産業化対応のパッケージデザイン、地域社会を活性化し、新しい販路を開拓するためのブランドづくりなど、「一次産業にこそ、地方にこそデザインの力を」というビジョンを掲げて活動している。

帯広本社
〒080-0016　北海道帯広市西6条南13丁目11-1F
TEL：0155-67-5821
FAX：0155-67-5841

東京事務所
〒103-0001　東京都中央区日本橋小伝馬町20-3-2F
TEL：03-6206-2773
FAX：03-6368-6734

http://farmstead.jp/

農と食と地域をデザインする
――旗を立てる生産者たちの声

2019年12月15日　初版第一刷発行

著　者　長岡淳一、阿部岳
発行所　新泉社
〒113-0033 東京都文京区本郷2-5-12
電　話　03-3815-1662
FAX　03-3815-1422
装　幀　阿部岳
組　版　川邉雄
編集協力　内田洋介
写真協力　大泉省吾、河村知明
印刷・製本　萩原印刷
ISBN978-4-7877-1923-2 C0095

新泉社の本

絶望の林業
田中淳夫
2200円+税

なぜ環境保全はうまくいかないのか
——現場から考える「順応的ガバナンス」の可能性
宮内泰介編
2400円+税

どうすれば環境保全はうまくいくのか
——現場から考える「順応的ガバナンス」の進め方
宮内泰介編
2400円+税

海士伝　隠岐に生きる——聞き書き　島の宝は、ひと
赤嶺淳監修、阿部裕志・祖父江智壮編
1000円+税

海士伝2　海士人を育てる——聞き書き　人がつながる島づくり
赤嶺淳監修、株式会社巡の環編
1000円+税

海士伝3　海士に根ざす——聞き書き　しごとでつながる島
株式会社巡の環監修、赤嶺淳・佐野直子編
1000円+税